U0299050

智力的奥秘

——认知神经科学的解释

［美］理查德·J. 海尔　著

葛秋菊　译

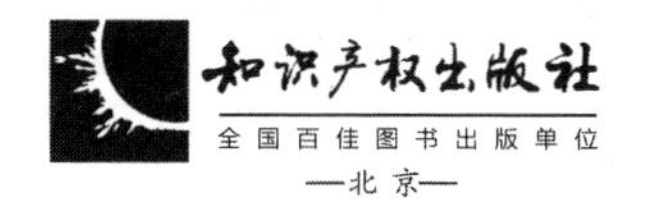

图书在版编目（CIP）数据

智力的奥秘：认知神经科学的解释/[美]理查德·J. 海尔（Richard J. Haier）著；葛秋菊译. —北京：知识产权出版社，2019.6
（脑科学新知译丛．第2辑）
书名原文：The Neuroscience of Intelligence
ISBN 978-7-5130-6621-1

Ⅰ.①智… Ⅱ.①理… ②葛… Ⅲ.①智力—神经科学—研究 Ⅳ.①B848.5②Q189

中国版本图书馆 CIP 数据核字（2019）第 263212 号

责任编辑： 常玉轩　　**责任校对：** 王　岩
封面设计： 陶建胜　　**责任印制：** 刘译文

智力的奥秘：认知神经科学的解释
[美] 理查德·J. 海尔　著
葛秋菊　译

出版发行： 知识产权出版社有限责任公司　**网　　址：** http://www.ipph.cn
社　　址： 北京市海淀区气象路 50 号院　**邮　　编：** 100081
责编电话： 010-82000860 转 8572　**责编邮箱：** changyuxuan08@163.com
发行电话： 010-82000860 转 8101/8102　**发行传真：** 010-82000893/82005070/82000270
印　　刷： 三河市国英印务有限公司　**经　　销：** 各大网上书店、新华书店及相关专业书店
开　　本： 880mm×1230mm　1/32　**印　　张：** 8.75
版　　次： 2019 年 6 月第 1 版　**印　　次：** 2019 年 6 月第 1 次印刷
字　　数： 210 千字　**定　　价：** 60.00 元
ISBN 978-7-5130-6621-1
版权登记号：01-2019-6992

将此书献给

我的家人，他们改变了我的人生轨道

我的父母，他们去世的时候都太年轻了

我的祖父母，他们为一个超出他们想象的未来做出了牺牲

前 言

为什么一些人比其他人聪明？本书将从神经科学角度，探讨智力和大脑。每个人对智力都有一个概念，对于智力的个体差异对学术及人生成就的影响，也都有自己的观点。关于智力的发育，互相冲突的主张和争议是常见的。如果告诉你这方面的科学发现比你想的更可靠，你可能会觉得惊讶。事实上，神经科学研究提供的证据，正在迅速更正过时的、错误的观念。

我把这本书写给心理学和神经科学专业的学生、教育工作者、公共政策制定者，以及其他对智力的重要性感兴趣的人。一方面，本书作为入门读物，介绍一个不存在任何特殊前提的领域；另一方面，与大众传媒和社交媒体广泛传播的信息相比，本书则更有深度。我所重视的，是用易懂的语言，阐述智力科学。本书每一章都贯彻的一个观点是，智力是100%的生物现象，相关生理活动是在大脑里发生的，不论是否遗传，受不受环境影响。正是因为这样，才有了智力神经科学。

本书的立场虽然不是中立的，但我相信它是公正的。在超过40年的时间里，我一直借用心理能力测验和神经成像技术研究智力，我的书正是以这些经验为基础。而关于书中提到的研究，我的判断则以现有证据的权重为基础。如果这些研究主题对应的证据的权重发生变化，我会随之更改自己的看法，你也应该这样。至于我对证据权重的判断，毫无疑问，一定不会让每个人都满意，但这也正是这类书能引发讨论、开拓思路的原因，如果运气好，还可能促进新的见解产生。

请知悉一点，如果你已经深信智力完全或几乎完全归因于环境，那么新的神经科学发现可能很难让你接受。当新信息与先入为主的观念相冲突时，否认是常见的反应。年龄越大，观念越不容易被动摇。神经科学之父圣地亚哥·拉蒙·卡哈尔（Santiago Ramon Cajal）曾写道："没有什么比一个知道如何转变思想的人，更让他尊重和敬畏。"作为学生，不应该找任何借口。

神经科学要解决的问题，是确定与智力相关的大脑运行机制及其发育过程。意义何在？所有智力研究的终极目的都是提高智力。找到方法，让人们最大限度发挥智力的用途，是教育的目标之一。从现有证据的权重来看，我们还不清楚神经科学如何帮助教师和家长达成这个目标。但是想办法通过控制大脑机制提高智力，则完全是另一回事，也是神经科学能发挥重要潜力的领域。智力低于正常水平的人，通常难以学会基本的生活自理方法或就业技能，就帮助他们而言，大部分人都会同意提高智力是一个积极目标。再从另一个角度考虑，使学生学到更多东西，或者使成人取得更大成就，提高智力又有什么值得反对的呢？如果对于这个大胆的目标，你并不看好，那么我希望在读完这本书之后，你会重新考虑。

本书遵循三条法则：（1）与大脑有关的故事都不简单；（2）没有哪一项单独的研究是决定性的；（3）梳理互相矛盾的、不一致的研究发现，形成证据权重，是需要耗时数年才能完成的工作。牢记这三条法则，第 1 章的目标是纠正广泛传播的错误信息，并总结科学研究定义和判定智力的方法。一些有效数据反映的结果会大大出乎你的预料。比如说，童年智商能预示生命长短。第 2 章将呈现并评价十分具有说服力的证据，证明遗传会对智力及智力发育产生重大影响。数量遗传学和分子遗传学的研究结论，消除了对这一观点存在的疑虑。因为所有生物机制都与基因有关，所以智力必然具有神经生物学基础，哪怕这些机制会受到环境的影响。基因不是在真空中发挥作用的，其表达和作用都是在某种环境里发生的。基因和环境的相互影响，是“表观遗传学”（epigenetics）的研究主题之一，我们将会探讨它在智力研究中的作用。

第 3 章和第 4 章将探究突破性的神经成像技术，以及这类技术如何将智力转换成图像，显示智力所涉及的神经生物学机制。比如说新近出现的孪生子智力研究，是结合了神经成像技术和 DNA 分析。重要研究结果显示了大脑结构和智力的共享基因。第 5 章的重点是智力的提高。首先评论广泛传播但并不正确的提高智商的三种主张，最后探讨脑电刺激。虽然目前还不存在经证明行之有效的提高智力的方法，但我会解释为什么控制某些基因及其生物过程，极有可能大大提高智力。想象某项登月工程般的、以提高智力为目标的国家研究；猜猜哪个国家显然正在做出这样的承诺。（不是美国）

第 6 章将介绍几种不可思议的神经科学方法，用于研究突触、神经元、回路，以及智力研究所涉及的更深层次的大脑神经网络。我们可能很快就会以脑速为基础测量智力，以真实的大脑工作方式为基础，开发智能机器。大型世界性合作项目正在追查智力基因，创建虚拟大脑，绘制个体特有的脑纹（brain fingerprint）——可预测智力。人们对智力、意识和创造力共同涉及的神经回路进行了探索。最后，我会提出两个词，即“神经贫困”

（neuro－poverty）和“神经社会经济地位”（neuro－SES），并说明为何神经科学在智力研究上取得的进展会影响教育政策。

个人认为，我们正在进入智力研究的黄金时代，也就是说，关于“智力是否能被定义或测量”“智力是否受基因影响”的争议行将消失，我们的研究将远远超出这个层面。我会将我对这个领域的热情，注入本书每一个章节。如果你是教育工作者、政策制定者、家长或者学生，那么你有必要知道21世纪的神经科学是怎么解释智力的。如果你们之中有人有兴趣在心理学或神经科学领域从业，挑战智力研究，那么本书对你来说也许是一个意外收获。

致 谢

因为我在医学院任职，所以在我的研究团队里，一直没有可以感谢的心理学研究生。但我的合作者都很优秀，他们的协助起了非常大的作用。我的神经成像智力研究报告，大部分由我与我的朋友雷克斯·容（Rex Jung）、罗伯托·科隆（Roberto Colom）、凯文·黑德（Kevin Head）、谢里夫·卡拉马（Sherif Karama）、迈克·阿尔基尔（Michael Alkire）共同执笔。40 多年以来，投注了时间、精力和想法的人不胜枚举，我对他们感激不尽。尤其要感谢剑桥大学出版社的马修·本内特（Matthew Bennett），感谢他邀请我为该社神经科学系列撰文。这是第一个将智力包含在内的神经科学系列。罗沙琳德·阿登（Rosalind Arden）、罗伯托·科隆、道格·迪推孟（Doug Detterman）、乔治·古德费洛（George Goodfellow）、厄尔·亨特（Earl Hunt）、雷克斯·容、谢里夫·卡拉马、马蒂·涅姆科（Marty Nemko）、阿缪莎·纽鲍尔（Aljoscha Neubauer）、尤利娅·科沃斯（Yulia Kovas）、拉斯·彭克（Lars Penke）阅读了全部或部分书稿，提供了宝贵的修改意见和见解；任何残留错误，都归因于我。虽然本书包含大量相关文献的引用，但是不可能呈现我想引用的所有资料。事实上，这个领域的发展很快，直到临近交稿期限的最后几天，我都还在添加最新发表的论文。若有任何文献被我遗漏，我在此向作者表达歉意。本书部分论题、解说和图表，也出现在我的《智力大脑》（*The Intelligent Brain*）系列教学视频里。最想感谢的人是我的妻子，她确保了我在写作期间不受任何打扰，所以才有了这本书。

目　录

第1章　从证据权重来看，我们对智力有哪些认识

……在相当可怕的程度上，对测验的抨击，其实是一些人面对不愉快、不合意的真相时，通过否定真相或试图破坏能证明真相的证据，而对真相本身进行的抨击。

——（Lerner，1980，page11）

智力一定不是唯一重要的能力，但如果不具备适当的智力，其他能力和才能通常也不会得到充分发挥和有效利用……它（智力）被称为大脑的“综合能力”。

——（Jensen，1981，page11）

科学的好处在于，不管你相信与否，它都是真的。

——（Neil deGrasse Tyson，*HBO'S Real Time with Bill Maher*，April 2，2011）

学习目标

- 对于大多数科学研究来说，智力的定义是什么？
- 心理能力构成与一般智力因素的概念如何相关？
- 为什么智力测验分数可用于估计智力，却不能测量智力？
- 说明智力测验分数具有预测作用的四种证据是什么？
- 为什么关于智力的错误观念可以长期存在？

概　述

在象棋或知识问答游戏“危险边缘”（Jeopardy）中，如果一台电脑击败人类，那么这台电脑是否比参赛的人更聪明？为什么一些人能记住一串串特别长的随机排列的数字，或者说出过去、现在或将来的任意一天是星期几？艺术天赋是什么，是否与智力相关？涉及智力的定义时，研究者会遇到这些问题。显然，不论你如何定义智力，它一定与大脑有关。在有关智力的诸多谎言中，最有害的或许是说科学研究认为智力是一个非常模糊、含混的观念。事实上，科学研究在定义和测量时，都采用十分成熟的实证研究方法，且这个情况已经持续了100多年。这一由来已久的研究传统，会利用多种心理能力测验和先进的统计方法，后者被统称为心理测量法。新的智力科学以测验和统计得来的数据为基础，并将其与近20年里出现的新技术相结合，尤其是遗传学技术和神经成像技术。这些新技术是本书的重点，在它们的帮助下，以神经科学为导向的更明确的智力研究方法正在形成。智力研究的路径与其他科学领域的研究是相似的，即从更先进的测量方式到更先进的定义和理解，比如对一个“原子”和一个“遗传基因”的定义和理解。在进入后面大脑研究的章节之前，我们先在本章探讨基础性智力研究在当下的情况，包括智力作为一种一般心理能力的定义，智力的测量，智力测验分数在预测现实可变因素中的正确性。

1.1　什么是智力？当你看到它时，你能理解它吗？

虽然似乎有些奇怪，但是我们仍然要从圆周率的值，即圆的周长与直径的比值开始讨论智力。你们都知道，圆周率的值始终是 3.14…，一个无限不循环小数。就我们现在的目标而言，它只是一串相当长、貌似随机排列、永远不变的数字。这串数字常被用于简单的记忆力测验。一些人能比其他人记住更多数位，少数人能记住非常之多的数位。

英国年轻人丹尼尔·塔梅（Daniel Tammet）曾用了 1 个月来学习圆周率。之后，在 BBC 拍摄的一部纪录片中，丹尼尔凭记忆公开背诵圆周率，检查人员在一旁拿着圆周率打印件一一核对。5 个小时后，丹尼尔停止背诵，这时他已经成功背到小数点后 22514 位。他停下来的原因是他感觉累了，害怕失误（Tammet，2007）。

除了记忆数字的能力以外，丹尼尔还拥有学习复杂语言的才能。BBC 还拍了一部展现其语言能力的纪录片。工作人员让丹尼尔住到冰岛，向一位家庭教师学习当地语言。两周之后，他在冰岛电视台用当地语言完成了对话。这些才能是否表明丹尼尔是一位天才呢？或者，是否至少说明了他比那些没有这些能力的人更聪明呢？

丹尼尔被诊断患有孤独症，而且他的大脑或许具有一种被称为“共感觉”（synesthesia）的症状。共感觉是一种神秘的感官知觉障碍，例如，共感觉患者有可能将不同数字感知为不同的颜色、形状甚至于气味。患者大脑里的某些连接似乎出了错，但是由于这是一种极罕见的症状，这方面的研究也十分有限。就丹尼尔的情况而言，他说在他眼中，每一个数字都有不同的颜色和形状，记忆圆周率时，他看到的是颜色形状不断变换的“风景”，而不是数字。在孤独症人群中，丹尼尔也是非典型个体，因为他拥有超出平均水平的智商。

不管是用怎样的方式完成的，背诵圆周率到小数点后 22514

位都是一项辉煌成就（最高纪录是背诵到令人瞠目结舌的小数点后 67890 位——见 6.2）。在两周内学会用冰岛语对话同样了不起。世上有一些人，他们拥有某些超乎常人的特定的心理能力。“学者综合症”（savant syndrome）中的“学者”（savant）一词便是用来描述这些极少见的个体的。这里所说的学者能力可能是惊人的记忆力、对大数字进行快速心算的能力、任何曲子只听一遍便能背出来的能力，或者绘画、雕刻等艺术才能。

例如，金·皮克（Kim Peek）能记住总量奇大的确切信息。他读了几千本书，特别是年鉴，读每一本书的方式都是快速地逐页翻阅。之后很多次在公开讨论会上，通过回答观众提出的问题：英格兰第 10 位国王是谁？他生于何时何地？他的妻子是哪些人？等等，他展示了对书中任意信息的准确记忆。金的智商偏低，并且生活不能自理。他的父亲要照料他生活的方方面面，唯独不用帮他凭记忆回答问题。

史蒂文·威尔希尔（Steven Wilshire）有另一种学者能力。史蒂文能凭记忆精确地画出城市全景，要做到这一点，他只需乘直升机在城市上空迅速游览一次。他甚至连每个建筑有多少窗户都能准确画出。你可以从伦敦的画廊或者网上买一幅他的城市全景图，他画了很多。阿朗索·克莱蒙斯（Alonso Clemons）是一位雕塑家，同样智商偏低。他的母亲称他在婴儿期时曾被摔到头。通常只需要粗略地看几眼要塑造的动物，阿朗索就能完成惟妙惟肖的动物雕塑，技艺令人惊叹。德里克·帕瓦钦尼（Derek Pavacinni）智商低，生活不能自理，生来便是盲人。他是一位钢琴演奏家。不论什么音乐，他只听一遍就能演奏，而且能用任何风格演奏，令听众啧啧称奇。值得注意的是，这些记忆力、绘画功底、雕塑技艺或音乐才能中的任何一种，都是阿尔伯特·爱因斯坦和艾萨克·牛顿所不具有的。

这些“学者”让我们很自然地问出两个问题：他们是怎么做到的？为什么我做不到？事实上，我们不知道答案。这些人还让我们思考最核心的智力定义问题。他们是特定心理能力存在的重要例证。但超出常人的特定心理能力是否是智力的证明呢？大多数“学者”都是不聪明的。事实上，“学者”们通常智商低且不能自理生活。局限于狭小领域的远超常人的心理能力，并不是我们通常所说的智力。

另一个例子是沃森（Watson），它是一台 IBM 电脑，在“危险边缘”中击败了两位最优秀的冠军。在“危险边缘”游戏中，玩家先得到一个答案，然后必须推出答案所提示的问题。游戏规定，沃森不能使用网络搜索，所有信息都存储在 15PB 的存储器里，该存储器大小相当于 10 台电冰箱。例如：在标题为“小妞们喜欢我”的类目下，给出的答案是“这位奇案小说作家和她的考古学家丈夫要挖出失落的叙利亚城市阿尔卡什”。对于电脑来说，这句话理解起来实在复杂，更不用说要以发问的形式来回答。为了不让你绞尽脑汁，我先告诉你，用问题来作答，应该是“谁是阿加莎·克里斯蒂?”。沃森抢先作答，而且回答正确，彻底击败两位人类冠军。沃森具有与人类相当乃至更高的智力吗?我们先看一些关于智力的定义，再来思考沃森是更接近“学者”，还是更接近阿尔伯特·爱因斯坦。

1.2　实证研究中的智力定义

不论你如何定义智力，你都知道总有人是不如你聪明的。从没用“白痴”“傻子”，或者“愚蠢”形容过别人，并且所表达的就是字面意思，这样的人是很少见的。而且说实话，你也知道谁比你聪明。或许对于这样的人，你会同样轻蔑地说，他们是“书呆子”“学究”。因为真正的天才是稀少的，所以你不太可能认识他们，尽管很多父母会说他们至少认识那么一个。

日常生活中存在一些不适合科学研究的智力定义：智力就是聪明；智力是你在不知道该怎么办时会用到的东西；智力是愚蠢的反面；智力是我们所说的学习、记忆和注意力方面的个体差异。研究者提出了许多种定义，然而他们几乎都认同一点，即智力是一种一般心理能力（general mental ability）。例如：

1. 美国心理学会（APA）智力工作组的定义：

“个体理解复杂观点、有效适应环境、进行经验学习、进行多种形式推理、通过思考克服障碍的能力存在差异。”（Neisser et al.，1996）

2. 学者们普遍接受的一种定义：

（智力是）“很一般的心理能力，包括推理、计划、解决问题、抽象思维、理解复杂观点、快速学习和从经验中学习等能力。它不只是学习书本知识的能力、狭隘的学术技能或者应对考试的智慧。它反映了更广泛、更深层次的理解环境的能力——‘领悟’‘体会，或者‘弄懂’。”（Gottfredson，1997a）

虽然智力是一般心理能力的概念被研究者广泛接受，但这并不是唯一观点。哪些证据能支持智力是一般心理能力的观点？其他哪些心理能力与智力的定义有关？如何调和作为一般心理能力的智力和“学者”的特定能力？

1.3　心理能力构成和 g 因素

我们都凭经验知道，心理能力分为许多种。其中一部分是特定的，比如拼写、在头脑中旋转三维物体，或者迅速计算一手牌的赢牌概率。对特定心理能力的测验有很多。关于这些测验之间的关联性，人们已经进行了超过 100 年的研究。我们从中得知一点：不同心理能力不是相互独立的，它们都是相互关联的，而不同测验之间的相关性总是正相关的。也就是说，如果你在一种心理能力测验中表现出色，那么在其他心理能力测验中，你的表现往往也会很不错。

这是与智力评估相关的最重要的发现，阅读过程中你会了解到，大多数现代研究都以此为基础。请注意：“往往”意味着更高可能性，而不是准确的预测。不论什么时候，我们所说的“A 分数预示 B”，都是“A 分数预示 B 的更高可能性”的意思。

心理能力测验之间的关系被称为心理能力结构。这是一个三层的金字塔式结构，如图 1.1 所示。

图 1.1 底部为一排共 15 种特定能力测验。往上一层，相似能力的测验被归类到特定因素组：推理、空间能力、记忆、信息加工速度和词汇。如图中的测验 1、2、3 都是推理测验，7、8、9 都是记忆测验。然而，这些特定因素也是互相关联的。基本上，某项测验或因素分数高的人，往往其他测验或因素的分数也高。（图中的数字代表相关性，说明测验和因素之间的关联程度；通过专栏 1.1 进一步了解相关性）这是一个反复被证实的重要发现。它强有力地说明了，从所有测验中提取出来的所有因素，又都与某个因素有关，这个因素被称为“智力的一般因素”（general factor of intelligence)，或简称“g”。g 位于图 1.1 的顶端。在强调一般心理能力的智力定义，与测量（或更准确地说，估计）特定能力的测验之间，g 因素架起了一座桥梁。

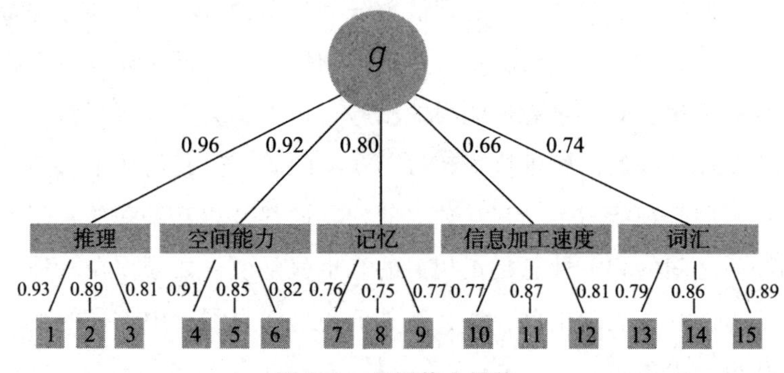

图 1.1　心理能力结构

g 因素是所有心理测验中的共同因素。数字代表测验、因素和 g 之间的相关性，注意，都为正相关。(Adopted from Deary et al.，2010)。

大多数关于智力因素的理论，都开始于一个经验之谈：所有心理能力测验之间都存在正向相关关系。1904 年，也就是 100 多年前，查尔斯·斯皮尔曼（Charlse Spearman）首先将该现象称为“正向变化”（positive manifold）（Spearman，1904）。斯皮尔曼想出了根据测验间相关性（correlation）确定测验间关系的统计程序。其中的基本方法被称为“因素分析”（factor analysis），本质上是分析测验间的相关性。你也许已对相关性有所了解，但仍可通过专栏 1.1 进行简要回顾。

专栏 1.1：相关性

你们之中有很多人是知道相关性的。这个概念会在书中反复出现，为了让每位读者从一开始就能理解，仍然在此作简要说明。比如说，我们为很多人测量了身高体重。然后，我们以 y 轴表示身高、x 轴表示体重作图，再以每个人的身高体重值为坐标在图中取点，每个点都代表一个人。把所有人的点都标出来以后，我们开始发现其中的联系。长得越高的人往往越重。如图 1.2 所示。虽然身高体重之间的联系不画点也显而易见，但是其他一些变量之间的联系是没有这么明显的。而且，相关性可以量化联系的紧密程度。

如果身高和体重是完全相关的，那么所有的点都会落在一条直线上，我们只要知道身高，就能准确预知体重，反之亦然。如果一个变量上的一个较大值准确对应着另一变量上的一个较大值，相关性用相关系数 1 表示。图 1.2 中展示了相关程度很高但不完全的正相关。完全负相关是一个变量上的一个较大值能准确预测另一变量上的一个较小值。图 1.2 中也展示了相关程度很高但不完全的负相关（也称为反相关）。完全负相关的相关系数为 −1。如图 1.2 所示，家庭收入越高，婴儿死亡率越低。最后，在图 1.2 中，底部的散点图表明身高和玩电子游戏的时间之间不存在任何联系（零相关）。

两个变量的相关性是根据每个点偏离直线的程度来推测的。相关系数的绝对值越大，变量间的联系越紧密，通过一个变量预测另一变量的准确度越高。相关系数始终在 1 和 −1 之间。这里要强调，两个变量间的相关性，并不意味着一个变量是另一个变量的原因。相关性只表示两个变量之间存在联系，比如一个变大或变小，另一个也变大或变小。再次强调，相关关系不是因果关系。两个变量也许相关，但这不是“一个导致了另一个”的关系。比如说，食盐摄入量或许与血液中胆固醇的浓度相关，但这并不意味着食盐摄入量的变化就是胆固醇浓度变化的原因；两者的相关关系，可能是由与它们都有关系的第三种因素造成的，比如不健康的饮食。

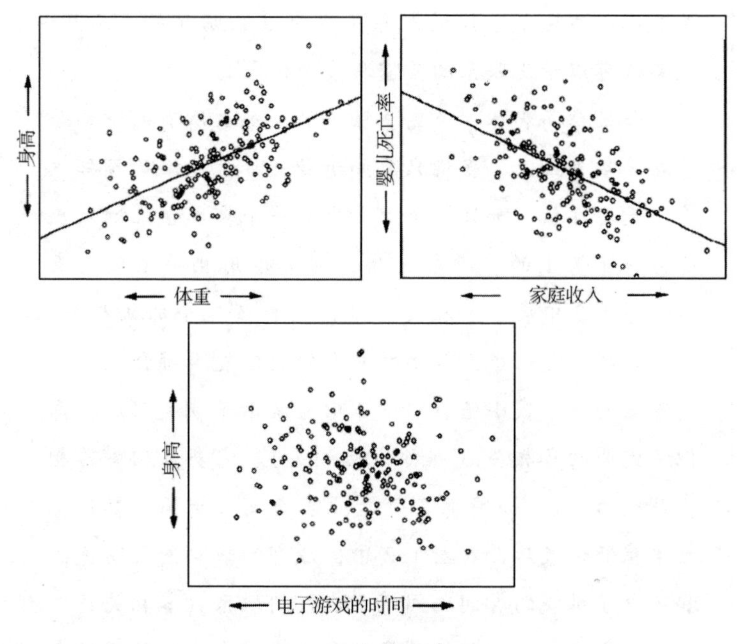

图 1.2　相关示意图

左上为正相关示意图，显示当身高增加时体重也增加。右上为负相关示意图，显示当家庭收入增加时婴儿死亡率下降（模拟数据）。底下的示意图显示身高和玩电子游戏的时间不相关。这些散点图中，每个圆圈都是一个数据点。实线代表完全相关；散落在实线上方和下方的数据点的数量则被用来推测变量间的相关性。

因素分析以多变量间相关关系模式为基础。就本书而言，我们感兴趣的是不同心理测验之间的相关性，所以因素分析的目的是确定哪些测验是相关关系，所根据的不是测验内容，而是不受内容影响的测验分数之间的相关性。一组彼此相关的测验能定义一个因素，因为它们有某种共同点，就是这个共同点使它们彼此相关。这一领域的研究通常将因素分析法用于数据集的分析，这些数据集是成百上千乃至上万人完成很多种测验后形成的。

虽然因素分析有许多种，但是数据集分析是基本概念，也是建立心理能力结构模型的基础，如图 1.1 的金字塔式结构图。回顾图 1.1，注意图中的相关系数值，它们反映了测验、因素和 g 之间的相互关系强度；注意所有相关系数都是正值，与斯皮尔曼的正向变化理论相一致。

请看图 1.1 中的细节。推理和 g 之间的相关系数最大，为 0.96。这表明推理是与 g 联系最紧密的因素，因此推理测验被认为是对 g 的最佳预测之一。另一种说法是，推理测验具有较高的 g 负荷量（g-loadings）。请注意，在所有测验中，测验 1 的推理因素负荷量是最高的，相关系数达到 0.93，因此，在只用一项测验，而不是一组测验的情况下，测验 1 会提供最佳的 g 因素预测。相关系数第二高的是空间能力因素和 g。结果表明，空间能力测验也能很好地预测 g。词汇因素和 g 之间的相关系数也相当高，为 0.74，领先于其他因素，包括记忆。在这个例子中，记忆测验与 g 之间的相关系数是 0.80，是有效但不是最好的对 g 的预测，尽管其他研究表明工作记忆和 g 之间的相关系数要比这高得多（见 6.2）。

1.4　其他的模型

其他统计学家和研究者找到了别的因素分析法。这些方法的细节并不对我们造成影响，重要的是，多种方法的运用，衍生了各种各样的智力因素分析模型。每个模型都有一种智力因素结构。多样的因素强调了 g 因素不能单独代表智力。从没有智力研究者这么断言过，或者声称某个分数能全方位反映智力水平。广泛的其他因素和特定的心理能力是很重要的。研究者从一组测验中提取因素的方式不同，从属于 g 的因素的数量也不一样。其中一个被广泛应用的模型只以两个核心因素为基础：晶体智力（crystallized intelligence）和流体智力（fluid intelligence）（Cattell，1971，1987）。晶体智力是在知识和经验的基础上了解事实、吸收信息的能力。“学者”们展现的就是这种智力。流体智力是为解决新问题进行归纳推理和演绎推理的能力。我们常将这种智力与爱因斯坦和牛顿联系起来。流体智力的测量往往与 g 的测量高度相关，两者常常被当作同一概念使用。晶体智力在人的一生中相对稳定，几乎不会随着年龄的增长而退化，然而，流体智力则会随着年龄的增长缓慢下降。流体智力和晶体智力的区别，被广泛认定为智力定义领域的重要发展。两者是相关的，因此与 g 因素并不冲突。它们代表了金字塔式心理能力结构图中位于 g 之下的因素。

另一个因素分析模型，在 g 因素之外主要关注三个核心因素：言语、知觉、空间旋转（Johnson & Bouchard，2005）。还有一些模型的实验证据较少，例如，罗伯特·斯滕伯格（Gottfredson，2003a；Sternberg，2000，2003）和霍华德·加德纳（Gardner，1987；Gardner & Moran，2006；Waterhouse，2006）的模型不再重视或者忽视了 g 因素。然而实质上，所有智力神经科学研究使用的测量，都有较高的 g 负荷量。我们会重点探讨这类研究，但也会介绍以 g 以外的因素和特定能力为研究对象的神经科学研究。

1.5　关注 g 因素

在今天的研究中，g 是大多数智力评估的基础。g 不等同于智商（IQ），但是智商分数是对 g 的有效预测，因为大多数智商测验都以一组测验为基础，以抽样方式选择测验多种心理因素，这些因素是 g 的重要形态。很多关于智力的争议，都根源于我们不清楚如何使用心理能力、智力、g 因素和智商之类的词。图 1.3 有助于阐明我在本书中对这些词的应用。

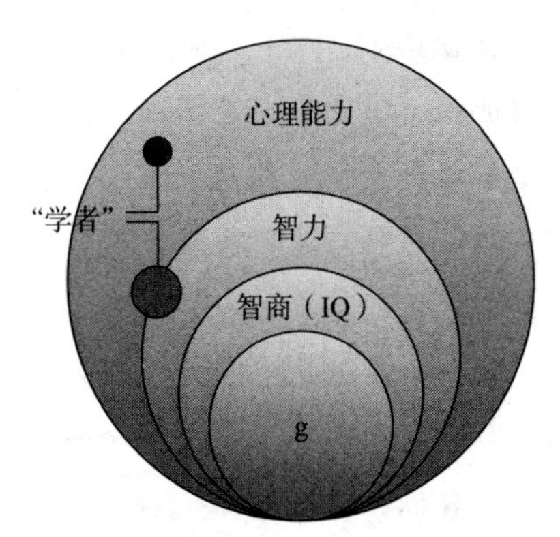

图 1.3　心理能力、智力、智商和 g 因素的概念关系

(The Intelligent Brain, @ 2013 The Teaching Company, LLC. Reproduced with permission of The Teaching Company, LLC, www. thegreatcourses. com)

我们拥有很多种心理能力。从在脑中做乘法，到选择股票，到说出美国各州首府。图 1.3 中最大的圆圈代表所有心理能力。智力一词含义甚广，根据美国心理学会和戈特弗雷德森（Gottfredson）的定义，智力是与日常生活中的问题应对和环境适应最相关的心理能力的总称。标注为“智力”的圆圈小于代表所有心理能力的圆圈。智商是一个测验分数，以一组与日常智力相关的心理能力为测验基础。智商圈占去了智力圈中相当大的一部分，因为智商能较好预测日常智力。智商圈里也包含丰富的因素，包括图1.1的金字塔式结构中的因素。在下一节中，我们会进一步详细讲解智商。最后，g因素是所有心理能力共有的因素。g因素是智商圈中很大的一部分。日常智力和智商测验分数会被很多因素影响，包括社会和文化因素，g因素却被认为更有可能是生物性和遗传性的因素，我们会在后面的章节对此进行讲解。

前面介绍的“学者”们的特定能力，在很多情况中，几乎不涉及g，比如金和德里克的例子。他们证明了强大而独立的能力是存在的，但也证明了缺少g因素导致的问题。IBM电脑沃森展示了以字意为基础，分析语言信息、解决问题的特定能力。这是不可思议的成就，但在我看来，沃森没有展示出g因素。沃森更像金·皮克，而不是阿尔伯特·爱因斯坦……至少就目前而言。

“学者”是极其罕见的例子。绝大部分人都有不同程度的g和独立因素，两个g因素程度相同的人，在心理能力上的强项和弱项也可能不一样。我们是否能指望，有朝一日也能像“学者”们一样取得不可思议的成就，如果不能，为什么？有没有可能，我们都拥有记住22514位小数或成为音乐家和艺术天才的潜能？为什么一些人比其他人聪明？每个人学习所有事物的潜能都是相同的吗？和每一个科学领域一样，该领域的问题有很多，答案全靠测量。

1.6 测量智力和智商

大多数人都将智商与智力测量联系在一起。对智商和所有心理测验的批评是普遍存在的，且已经存在了几十年（Lerner，1980）。我们应该记住，最初，人们之所以提出心理能力测验的概念，是为了帮助儿童得到特殊教育。还应该说明的是，智力测验虽然引发了许多担忧，但它仍被视为伟大的心理学成就之一。接下来，我们简要说说这两点。最近出版的两本书，也提供了关于智商测验的有用信息和详细论述（Hunt，2011；Mackinstosh，2011）。

20 世纪早期，某些需要特殊关注的孩子学业成就低的情况引起法国教育部部长的关心。问题是如何区分“有心理缺陷的”孩子和因为行为或其他原因而学习不好的孩子。他们希望通过测验进行客观的区别，杜绝老师出于惩罚将不守纪律的学生分到特殊学校去的现象，据说这种现象在当时是很常见的。

在这样的背景下，阿尔弗雷德·比内（Alfred Binet）与协作者泰奥多尔·西蒙（Theodore Simon）设计了首个智商测验，凭此判断哪些学生出于心理能力问题不能从普通学校教育中受益。所以说，智商测验是作为一种客观方式出现的，一方面是为了识别出心理能力低的儿童，使他们获得特殊关注；另一方面，是为了识别出并非由于心理能力低，而是因为行为不佳受到惩罚，而被错误地送进特殊学校的儿童。两个目标都值得赞扬。

比内和西蒙设计的测验，由分别测验不同心理能力的多个分测验组成，以测验判断力为重点，因为比内意识到判断力在智力中是很重要的一方面。他让大量儿童接受各项测验，确定每个年龄和性别的平均分。这样一来，他便能说出每一个儿童的分数对应着哪个年龄。这个年龄被称为儿童的心理年龄（mental age）。一位叫威廉·施特恩（William Stern）的德国心理学家进一步运用了心理年龄的概念。他将心理年龄与实足年龄相除，将心理年龄（取所有分测验的平均值）和实足年龄的比率作为智商分数。为了避开用小数，比率再乘100。

例如，如果一个孩子的阅读能力是9岁儿童的平均水平，那么他（她）的心理年龄就是9岁。如果这个孩子的实足年龄是9岁，那么他（她）的智商就是9除以9数值为1，再乘100。如果一个孩子的心理年龄为10岁，实足年龄只有9岁，那么他（她）的智商就是10除以9，数值为1.11，再乘100，为111。一个心理年龄8岁、实足年龄9岁的儿童，智商是8除以9，数值为0.89，再乘100，智商为89。

这些早期测验的意义，在于发现与同龄人相比较在学业上表现不佳的孩子，让他们得到特殊关注。比内－西蒙测验在实现这个目标上确实发挥了很大作用。然而，心理年龄概念的问题在于，大约过了16岁，一个人的心理年龄就很难评估了。实足年龄19岁与21岁，心理年龄真的不同吗？我们讨论的并不是一个人的成熟度。一个30岁的人和一个40岁的人，心理年龄并没有多大差别，因此比内－西蒙测验实际上并不能帮助成年人，或者说不是为成年人设计的。

但是，还有一个更重要的测量问题是我们需要牢记的。注意，一个儿童的智商分数是与其同龄人相比较而言的。在今天，哪怕是我们后面会提到的、基于不同算法的新型智商测验，所展示的也是一个人与他（她）的同龄人相比较而言的智商分数。智商不是对一个量的绝对测量，不像测量有多少升水，或者距离多少千米。只有与其他人相比较而言时，智商分数才有意义。注意，人与人之间的智力差异是确实存在的，但是我们的差异测量方法所根据的测验分数，只具有相对说明性。我们对这个要点进行简要说明，之后在本书中还会反复提到。

尽管如此，比内 - 西蒙测验在客观评估儿童能力方面的确是一项重大进步。比内 - 西蒙测验被翻译成英文，1920 年代，斯坦福大学的刘易斯·推孟（Lewis Terman）教授对其进行了修订，成为现在为人们所知的斯坦福 - 比内测验。推孟教授通过测验中的超高智商分数识别样本，开展了一项“天才”纵向研究，我们会在 1.10.4 详细介绍。

韦氏成人智力量表（Wechsler Adult Intelligence Scale），英文简称 WAIS，和斯坦福测验一样，设计了分测验，但是如其名称所说，是为成人设计的。它是现今运用最广泛的一种智力测验。当下的测验由 10 个核心分测验和另外 5 个补充测验组成，所测验的心理能力范围极广。与比内 - 西蒙测验相比，WAIS 测验和斯坦福 - 比内测验的最大不同，都是智商分数计算法的改变。心理年龄不再被采用了。现在，智商计算都以正态分布的统计特性和离差分数为基础。概念很简单：个体分数偏离常态多远？

下面介绍离差智商的算法。我们先来了解正态分布（也根据形状被称为“钟形曲线”）的特性，如图 1.4 所示。

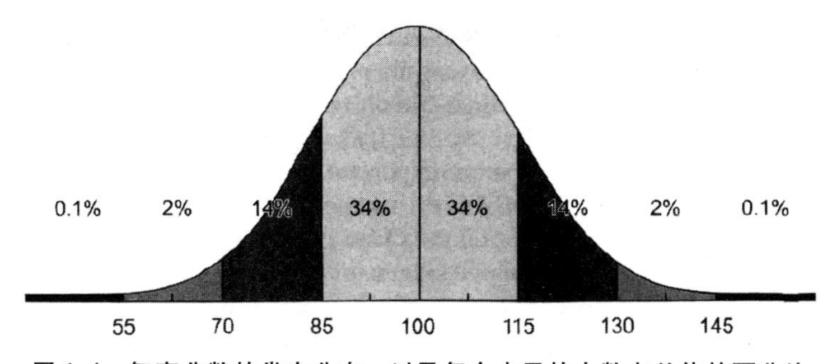

图 1.4　智商分数的常态分布，以及每个水平的人数占总体的百分比

很多变量和特征，比如身高或者收入或者智商分数在随机挑选的大规模人群中是符合正态分布的。大部分人属于中间值，越趋于最低值或最高值，个体数量越少。任一正态分布都具有明确的统计特性，即任一个体的分数都能转换成一个百分位数，说明个体相较于其他人而言位于哪个水平。如图 1.4 的智商分数正态分布图中所示，平均分为 100，标准差为 15。标准差代表关于平均值离散的程度，是根据每个人远离平均值的程度计算得出的。在一个正态分布中，50% 的人得分在 100 以下。68% 的个体位于正负 1 个标准差以内，因此 85 分到 115 分之间被当作平均智商的范围。130 分超过平均分两个标准差，对应第 98 个百分位，排名位于前 2%。70 分低于平均分两个标准差，约对应第 2 个百分位。145 分代表在群体中排名位于前 0.1%。超过 145 被视为天才的智商范围，尽管几乎没有测验能精确测出分布中的极高值。

智商测验经过发展之后，其分数是符合正态分布的。参加每一项分测验的是数量众多、年龄各异的男性女性，他们被称为常模团体（norm group）。每个常模团体都有一个平均分，称为平均值（mean），平均值离散的程度通过一个被称为标准差（standard deviation）的数据来测量。

比如说，一项分测验的满分为 20 分，每一个常模团体根据年龄的不同，可能会有不同的平均分。年龄更小的受试者，比如 10 岁，他们的平均分可能为 8 分；年龄更大的受试者，比如 12 岁，他们的测验平均分可能会是 14 分。所以组成每个年龄的常模团体是很重要的。如果另外一个 12 岁的孩子做了这个分测验，并且得分为 14 分，那么他的分数就是他所在年龄的平均分。如果他的得分高于或低于 14 分，偏离常模团体平均分的程度会被计算出来，而且他的分数也可以用偏离平均值的程度表示。通过所有分测验的平均差，就可以算出整组测验的离差智商。如图所示，离差分数可以轻松转换成百分位数。

虽然每一个偏离点都是相同的，但是这些分数只有在跟其他人比较时才具有意义。用专业术语来说，这些分数是不成比率的，原因是智力量表中没有绝对零点（actual zero point）。和智商不同的是，一定数量单位的重量、距离或液体都是比率量表。智商分数及其意义，都取决于组成一个有效的常模团体。这是智商测验定期组成新的常模团体的原因之一，也是单独为儿童测验编制韦氏儿童智力量表（Wechsler Intelligence Scale for Children，WISC）的原因。

除了总智商（Full－scale IQ）以外，WAIS 测验还可以分成多项特定因素测验，这与图 1.1 所示的金字塔式心理能力结构图十分相似。将多项独立分测验组合成倒数第二层的因素测验：言语理解、工作记忆、知觉组织和信息加工速度。这四个特定因素又组合成两个更一般的因素：言语智商（verbal IQ）、操作智商（performance IQ）。这两个宽泛的因素共有一个一般因素，该因素被定义为总的智商分数，即总智商。总智商基于一系列心理能力测验，因此也是对 g 因素的有效评估。虽然每项因素的得分都能用于其他因素的预测，但是总智商是研究中运用最广泛的分数。

1.7　其他智力测验

我们至此介绍过的智商测验，都由专业测验人员执行，一次与一个个体互动，直到测验完成，通常用时 90 分钟或者更久。其他类型的智力测验中，有的是团体测验，或者受试者不与测验者直接互动。一些测验的目的是评估特定心理能力，另一些测验的目的是评估一般智力。往往，对复杂推理要求更高的测验，对g因素的预测越准确，因为这类测试具有“高g负荷量”。在神经科学研究领域，除智商测验以外，还有三项高g测验也很重要，下面进行简要介绍。

瑞文高级渐进矩阵（Raven's Advanced Progressive Matrices，RAPM）测验（以创制者瑞文博士的名字命名），可以采取团体测验形式，通常限时40分钟。该测验被认为是g因素的有效预测，尤其是在加设时间限制的情况下，因为有时限的测验能更好地区分个体差异。RAPM测验是非语言抽象推理能力测验。图1.5是一道示范题。大矩形里，是由8个符号和右下角的一处空白组成的矩阵。8个符号并非随机排列，而是遵循一种模式或规则。只要推断出矩阵的模式或规则，你就可以从矩阵下方的8个选项中，选出符合模式或规则的选项，填到右下角的空白处。

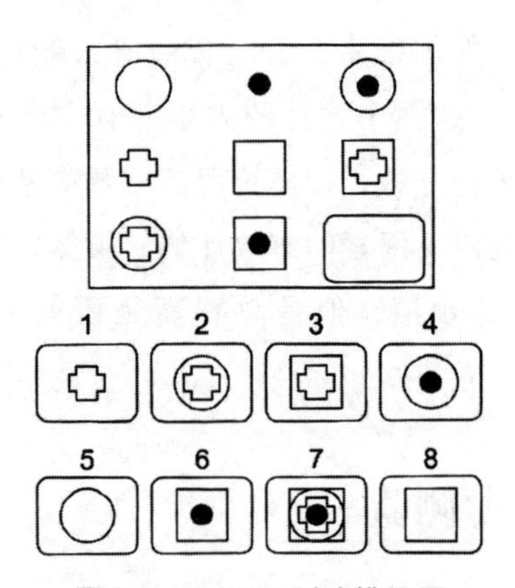

图1.5　RAPM测验模拟题

矩阵右下角的符号缺失了。你要推断出矩阵的模式或规则，从8个选项中，选择唯一符合模式或规则的选项，填到空白处。在这道模拟题中，答案是7号。（所在行或列中另外两个符号相加）（Courtesy Rex Jung）。

这道模拟题的答案是 7 号。矩阵中，将左边一列的符号与中间一列的符号相加，就能得到右边一列的符号；将矩阵上方一行的符号与中间行的符号相加，就能得到下方一行的符号。在实际测验中，给出的题目会越来越难。潜在模式或规则的推理难度可能非常大，且有难度各异的不同题型。但是因为实施起来简单，很多研究都采用了 RAPM 测验。受试者在这类测验中的表现，几乎完全与其教育或文化背景无关。虽然测验分数可以有效预测 g 因素，但是不能被错误地理解成就是 g 因素的水平（Gignac，2015）。

类比测验（Analog & Tests）也是对 g 的有效预测。例如，“翅膀对于鸟相当于窗户对于（房子）”“氦对于气球相当于酵母对于（生面团）”或者“莫奈对于美术相当于莫扎特对于（音乐）”。类比测验看似容易被教育和文化影响，因此在很多成套测验中都被弃用了，而事实上，从实验证据来看，类比测验能较好地预测 g。

SAT 测验是一个有趣的例子，被大学入学考试广泛运用。那么，这项测验是成就测验、能力测验、还是智力测验呢？有意思的是，SAT 的最初意思是“学术能力倾向测验”（Scholastic Aptitude Test），之后被更改为“学术成就测验”（Scholastic Achievement Test），现在叫作“学术评估测验”（Scholastic Assessment Test）。成就测验测量你学到的东西；能力倾向测验测量你可能学什么，尤其是对某个特定领域的倾向，比如音乐或外语。后来发现，SAT 测验，尤其是测验总分，能较好地估测 g 因素，原因是受试者需要依靠推理能力来回答问题（Frey & Detterman，2004）。SAT 分数和智商分数一样，符合正态分布，能转换成更好理解的百分位数。SAT 分数分布在前 2% 的人，智商分数往往至少分布在前 2%。有时候，人们会为此感到意外，可是，为什么智力就不能与一个人学到了多少东西相关呢？

成就、能力倾向和智力测验分数都是相关的，不是互相独立的。不要忘了，g 因素是所有心理能力测验的共有因素。学习和智力不相关的情况是不常见的。所以说你在成就测验中的表现，是与一般因素有关联的，就像智商分数和能力倾向测验分数也都与 g 相关。让人们困惑的是，有些学生很聪明，成绩却不好，有些不怎么聪明的学生，成绩却很好。然而，这些都是例外。实际上，成就测验、能力倾向测验和智力测验之间的确存有合理差异。每一种测验都适用于不同的情景，但它们都与共同因素 g 有关。

1.8 错误观念：智力测验有偏向、无意义

智力测验中的问题是公平的吗？还是说，正确答案取决于个体的教育背景、社会阶级或者智力以外的其他因素？在我过去就读的研究生院里，一位教授曾说过，大多数人认为，他们能正确回答的问题就是公平的问题。假如你不知道某问题的答案，那就是存在偏向或者不公平吗？

智力测验分数究竟意味着什么？一个人的测验分数低，是因为这个人不知道很多问题的答案。如果你不知道某个问题的答案，原因有很多：没有人教过，自己没学，学过但是很久以前就忘了，学过但是测验中想不起来，有人教过但是没学会，不知道怎么推出答案，或者推不出来。这些原因，虽然不是全部，但大多数似乎都和一般智力有关系。另一方面，一个人在测验中得高分，意味着这个人知道答案。怎么知道的重要吗？是因为受过更

好的教育，纯粹记忆好，掌握了应对测验的技巧，还是因为学习好？一般智力的定义将这些因素都结合起来了。

测验偏向的意思是明确的。如果某项测验的分数一致过高或过低地预测实际表现，那么这项测验就是有偏向的。例如，如果一组在 SAT 测验中得到高分的人，大学课程一致不及格，那就说明测验对成就的预测过高，是有偏向的。同样道理，如果在 SAT 测验中得到低分的一组人，在大学课程中一致表现优秀，那就说明测验对成就的预测过低，也是有偏向的。接受测验的两个团体之间存在平均差异，并不代表测验本身存在偏向。以空间能力测验为例，男性受试者和女性受试者的平均值可能不同，但这并不意味着测验有偏向。如果男性受试者和女性受试者的分数都较好地预测了空间能力，那么测验就是不存在偏向的，即使存在均数差。请注意，几个预测不准确的例子并不能构成测验的偏向。一项测验存在偏向，结果一定是预测方向一致错误，预测一致失败。此外，如果测验分数不能预测任何因素，意思不是存在测验偏向，而是测验无效。

数十年来，大量测验偏向研究表明，智商测验和其他智力测验分数都不存在偏向（Jensen，1980）。测验分数的确能预测学术成就，不受社会经济地位、年龄、性别、种族和其他变量的影响。测验分数还能预测许多其他变量，包括大脑特征，比如特定区域皮层的厚度或者脑葡萄糖代谢率，第 3、4 章会细讲。如果说智力测验分数毫无意义，那么它们就不能预测任何其他测量，尤其是可以量化的大脑特征。在这里，“预测”也有特定意义。说某个测验分数能预测 A，意思只是 A 发生的可能性较大。没有哪项测验能提供 100% 精确的预测，智力测验之所以被很多心理学家视为一项重大成就，是因为测验分数能有效预测许多领域的成就，在某些领域，测验分数的预测准确度非常高。在介绍可证实这一结论的关键性研究之前，我们还要论述一个十分重要的问题。

1.9 智力“测量”的关键问题

前文中简要解释过，所有智力测验分数都存在一个主要问题：不在比率量表上。这意味着智力测验所用的量表没有绝对零点，与测量身高和体重的量表不同。例如，200 磅体重是 100 磅体重的两倍，因为“磅”是有绝对零点的量表所采用的标准单位；同理，10 英里是 5 英里的两倍。智商分却不符合这个规则。我们不能说智商 140 分的人，就是智商 70 分的人两倍聪明。虽然你认为你至少遇到过一个智力为零的人，但是智力量表中却没有绝对零点。就智商而言，重要的是百分位数。智商 140 分的人属于 1% 智商最高的人群，智商 70 分的人属于 2% 智商最低的人群。智商 130 分的人并不比智商 100 分的人聪明 30%，因为智商 100 分对应的百分位排名是第 50 位，智商 130 分对应的百分位排名是第 98 位。所有心理测量分数都不在比率量表上。每个人的智商测验分数都只在与他人进行比较时才有意义。

所有智力测验分数都有这个局限性，我们要清楚一点：智力测验分数只用于估计智商，因为我们还不知道如何将智力当作一个量来测量，就像用“升”测量水、用“千克”测量重量，或者用“英尺”测量距离一样（Haier，2014）。如果你在因生病而无法集中精力的情况下接受一项智力测验，你的分数可能是对智力的无效预测。如果你在身体健康时重新完成测试，得到的分数会是更有效的预测。然而，分数上升，并不意味着你的智力在两次测试期间上升了。我们会在第 5 章继续探讨这个问题，并论述为什么宣称提升智力是没有意义的。

尽管有这个根本性的问题存在，研究者们仍然取得了可观的进展。其中最重要的观点是，有关智力的科学研究是有赖于测量的。虽然没有哪一项测试能完美地测量一个定义，但是随着研究发现的累积，定义和测量都在不断进步，我们对复杂概念的理解也逐步增多。g 因素研究所提供的无可辩驳的实证性，推翻了智力定义或测量不能用于科学研究的错误观点。后面的章节会详细讲解，正是在这样的基础之上，神经科学得以将智力研究推向下一个阶段。在此之前，我们首先要总结一些非常有说服力的研究，来呈现智力测验的有效性。

1.10　智力测验的四类有效预测

1.10.1　学习能力

智商分数能预测一般学习能力，一般学习能力是影响学术和职业成就、日常复杂情况应对的主要因素（Gottfredson，2003b）。智商在 70 分左右的人，学习简单内容的速度往往较慢，需要具体的、逐步的单独指导。对于他们来说，学习复杂材料是非常困难或者不可能的。智商 80～90 分的人也需要非常明确、系统的单独指导。书面材料的学习，要求个体智商至少达到 100 分；至于大学水平的学习，个体智商在 115 分及以上时效果最好。智商超过 130 分，通常意味着可以用相对来说更快的速度，独立学习更抽象的材料。

美国军队对新兵的智商要求标准是 90 分左右，征兵形势不好时，标准会略有降低。美国大部分研究生课程的招录，都要求申请人通过研究生入学资格考试（GRE），或者医学院入学考试（MCAT），或者法学院入学考试（LSAT）。根据这些测验的最低分数线，智商在120分以上的人最有希望被录取。最好的课程都设定了更高的录取标准，集中招收在正态分布中排名前1%～2%的申请者。这并不意味着分数低于录取标准的人一定不能完成研究生课程，只不过分数高的学生通常学习效率更高、学得更快，更有可能成功完成课程。

记住，上述关联性不是绝对的，是存在例外的。然而，智商分数和学习能力之间的关系是非常紧密的。很多人因此而烦恼，因为这表明个人能取得的成就是有限的，与广泛传播的“只要努力，就能做成任何事”的观念背道而驰。前面这句话是对“只要努力就能成功”的重新表达。“只要努力就能成功”通常是属实的，因为成功有很多种形式。但这一句话却很少成真，除非改成“只要肯努力并且有相应的能力，你就能做成任何事”。然而，不是每个人都有做成每件事的能力，很多志在必得的大学新生都低估了能力的重要性。比如说，SAT数学测验分数低的学生，就算有动力，很勤奋，也很少能成功修完自然科学课程。

人们在讨论很多学生预科课程不及格的原因时，很少提及智力，鉴于g因素对教育成就的重要影响，这一点显得很意外。最优秀的教师不应该追求超出学生能力范围的教学目标。最优秀的教师可以将学生的学习最大化，然而学生的智力水平制造了一些障碍，尽管人们习惯于断言没有哪个学生存在固有的缺陷。限制教育成就的因素有很多，包括贫穷、缺乏动力、缺少榜样、家庭不健全等，但目前为止，还没有证据表明摆脱这些因素就能提高g因素水平。下一章会讲到童年早期教育的许多益处，但是其中不包括提高智力。想象一下，在一个由所有影响学业成就的因素组成的饼图中，g因素自然占去其中一块。智力测验分数和学术成就之间的紧密关联性表明，这一块可能是整体中相当大的一部分。在我看来，光凭这一点，我们就需要开展更多关于智力和智力发育的研究。

1.10.2　工作绩效

除了学术成就以外，智力分数还能预测一个人的工作绩效（Schmidt & Hunter，1998，2004），尤其是要求员工使用复杂技能的工作。事实上，就复杂工作而言，g因素对成就的预测，比其他任何认知能力的预测都更有效（Gottfredson，2003b）。比如说，美国空军开展的一项大规模研究就发现，g因素几乎能预测与飞行员的工作绩效有关的所有变量（Ree & Carretta，11996；Ree & Earles，1991）。虽然我们大多数人都不是飞行员，但总体上，智商偏低的人只能胜任对复杂且独立推理要求最低的工作。这类工作往往遵循具体例程，比如组装简单产品、提供食品服务或者看护工作。更复杂的工作，比如担任银行柜员和警察，要求个人智商达到100分左右。成功的经营者、教师、会计和类似行业的其他职务，要求个体智商至少达到115分。律师、药剂师、医生、工程师和企业管理者，通常要求拥有更高的智商，能完成职业所需的高等教育，解决极为复杂的问题。

复杂工作的绩效对g的依赖性很高，当然也受到其他因素的影响，包括人际交往。这就是情商（emotional intelligence）的概念。一个人的情商是指他（她）的性格和社交能力，与g因素水平与自身相当、但缺少交际能力的人相比，情商较高的人可能会获得更大成功。然而，这并不会削弱g因素的重要性。通常，就算情商可以弥补工作所需的g因素，效果也是十分有限的。

和学术成就一样，工作业绩与智力之间的关系也呈现一个总体趋势，同样也存在例外。然而，就实际情况而言，智商低于100分的人，完成医学院或工程学院学业的可能性并不高。当然，完成学业的可能是存在的，尤其是在智商分数没能有效预测智力，或者一个人可以凭借记忆等特定能力来弥补低水平或平均水平的一般智力所造成的缺陷时。同样的道理，高智商分数也不能保证个体的成功。这就是人们很少根据智商分数来做教育或雇用决策的原因。虽然智商通常是与其他信息一起被考虑到，但是在很多需要复杂与独立推理的领域，低智商分数往往是危险信号。

关于对职业成就的预测，还有一点需要探讨。一些研究者认为，在任何一个领域达到专业水准，都需要至少1万个小时的练习。也就是1250个8小时工作日，或者3.4年左右。言下之意是说，不论个体智力或天赋高低，只要完成这种程度的练习，就能在任何领域达到专业水平。例如，对国际象棋特级大师的研究表明，这个群体的平均智商是100分左右。也就是说，一个人要成为国际象棋特级大师，比起一般智力，可能更有赖于特定能力的练习，比如空间记忆。实际上，国际象棋特级大师可能拥有“学者”级别的空间记忆能力，但要说一位国际象棋特级大师同时也是智力超群的全能型人才，这个观点可能并不正确。很多研究都证明了，在没有才能的情况下，只是完成1万个小时的练习就可以达到专业水平的观点是不正确的（Detterman，2014；Ericsson，2014；Grabner，2014；Grabner et al.，2007；Plomin et al.，2014a，2014b）。

1.10.3 日常生活

一般智力在日常生活中的重要性通常不明显，但是影响很深远。如厄尔·亨特教授所说，如果你是接受过大学教育的人，那么你的大多数朋友和熟人，也很可能是接受过大学教育的人。你上次邀请没受过大学教育的人到家里用餐，是什么时候？亨特教授将这个现象称为认知隔离（cognitive segregation），人们极有可能因此形成一个错误观念：每个人应对日常问题的能力或推理潜能都是差不多的。大多数 g 因素水平高的人，都不能轻易想象 g 因素水平低的人怎样生活。

复杂的日常生活通常很具有挑战性，尤其是出现与常规不符的新问题时。琳达·戈特弗雷德森教授（Linda Gottfredson）总结道："生活是一系列漫长的心理测验。"早期人类适应了棘手的自然环境，解决了反复出现的食物问题；早期文明发展，伟大的思想家（可能拥有高水平 g 因素）解决了更复杂的问题（如：如何建造一艘能在海上航行的船，或者一座金字塔）；我们设法用 HDMI 线连接了新型电视机和音频系统，学会了使用文字处理软件、"智能"手机或数码相机的自动模式之外的所有功能。你知道如何用超市里的扫描设备自行结账吗？还是说你会排着移动缓慢的长队、等着收银员为你结账？你对理财、股票、证券和基金了解多少？你会管理自己的税款吗？很多人每天都要面对难以理解的医疗、社会支持或司法系统带来的挑战。贫穷给日常生活制造了各种难题。在现代社会中，可以说对任何人而言，都没有什么事会永远保持简单。

拿低智商人群和高智商人群（低：75～90；高：110～125）在几件事上的相对危险度来说，低智商人群的高中辍学率是高智商人群的 133 倍。低智商人群长期接受福利救济的概率是高智商人群的 10 倍。低智商人群的入狱、受贫概率，分别是高智商人群的 7.5 倍和 6.2 倍。低智商人群的失业率甚至离婚率都要高一些。智商甚至可以预测交通事故。高智商人群中，每 1 万名司机，有 51 人死于交通事故；低智商人群中，每 1 万名司机，约

147 人死于交通事故，几乎是前者的 3 倍。这也许告诉我们，通常来说，智商偏低的人应对危机的能力较弱，在驾驶或其他活动中要冒更大的风险（Gottfredson，2002；2003b）。

专栏 1.2：功能性读写能力（functional literacy）

以功能性读写能力的数据为基础，是研究日常思考能力的另一种方法。一个人的功能性读写能力，是由他（她）能完成的日常任务的复杂性来评估的。和智商分数一样，功能性读写测验的分数只有在与他人对比时才有意义，但测验提供的例子更加具体。美国上一次全国功能性读写能力调查是在 1992 年开展的。

表 1.1 是上一次调查的结果。左边一列，是功能性读写能力的 5 个等级：1 最低，5 最高。居中一列，显示各等级的人数比例。右边一列，是各个等级的人能成功完成的样本任务。请看第一排，如果你和我一样，那么你也会感到惊讶，只有 4% 的白种人被认定为最高等级；他们能用计算器计算在一个房间铺设地毯的费用，完成这个任务，需要准确计算地毯覆盖的面积，将单位转换成平方米，再乘以单价。往下一行，功能性读写能力达到 4 级的人占 21%；他们能根据一张表格计算社会保障福利金，理解员工福利计划如何运行这一基本问题。36% 的人属于中等水平；他们能根据一张图表，计算每加仑汽油能使车辆行驶多少英里，能写信解释信用卡问题。2 级水平的人占 25%；他们能计算两张票的价格差，能找出地图上的十字路口。1 级水平的人占 14%；他们能填写银行存款单，但是难以完成更复杂的

任务，比如找出地图上的十字路口。

表 1.1　美国全国成人读写能力调查

日常读写能力等级划分，及每个等级所对应的样本问题。(The Intelligent Brain, copyright 2013 The Teaching Company, LLC. Reproduced with permission of the Teaching Company, LLC, www. thegreatcourses. com)。

NALS 等级	人口比例（%）（白种人）	模拟日常任务
5	4	用计算器准确计算给一个房间铺设地毯的费用；运用信息表比较两种信用卡
4	21	运用表格计算补充保障收入（SSI）；阐述两种员工福利计划的区别
3	36	根据里程记录表，计算每加仑汽油能使车辆行驶多少英里；写一封短信，解释信用卡账单中的错误
2	25	计算两张票的价格差；找出街道地图上的十字路口
1	14	银行存款总额登记；找出驾照上的最后有效期限

专栏 1.2 和表 1.1 中的例子，说明智力在帮助我们应对日常生活中出现的问题。这的确不是什么惊人的发现，只是容易被人们忽视，尤其是当你把问题处理得还不错，而且与你相处的大多数人都和你类似时。以上内容重在说明，功能性读写能力是智力的另一个指标，根据这些数据，你可以看出智力对日常生活的重要影响。当然，还有很多重要事情是 g 因素不能预测的，比如个体是否是一个和善的或令人喜爱的人。

现在，我们来聊一聊 1994 年出版的《钟形曲线》(*The Bell Curve*)，作者是理查德·赫恩斯坦（Richard Herrnstein）和查尔斯·默里（Charles Murray），这是一本引发争议的书，它探讨了智力对社会政策的影响（Herrnstein & Murray, 1994）。该书提出，现代社会对推理技能超群的人的需求和回报越来越高。也就是智力高的人。因此，在正态分布（正态分布曲线呈钟形，因此也被称为钟形曲线）中排名落后的人，将处于严重的劣势地位，难以取得成功，尤其是在学业和某些职业领域的成功。在之前的《精英制度中的智商》（*IQ in The Meritocracy*）一书中，赫恩斯坦首次探讨了这个主题（Herrnstein，1973），这本书同样遭到了激烈抨击。该书前言部分详述了他在哈佛校园内遭遇的敌意，你可以通过阅读感受一下那个时代。两年后，另一位哈佛教授爱德华·威尔逊（Edward Wilson）在提出社会生物学（sociobiology）的概念时（Wilson，1975），也引发了相似的公愤。《钟形曲线》的 900 页数据和数据分析将话题继续，主要对比低智力组和高智力组，但是其中一章论述了黑人和白人的智商差异，这引发了最激烈的争议。（请注意，这里使用“黑人”和“白人”，是因为美国及其他国家的大多数研究都使用了这种说法）群体差异问题困扰着所有智力研究，就其复杂性，读者可参考更详细的论述。（见“拓展阅读”）

关于《钟形曲线》，我在意的是，g 因素水平低的人不论种族、背景或 g 因素水平低的原因为何，生活上或许都需要帮助，意识到这一点是否会对公共政策方面的讨论有益？在今天，这是一个重要的政治问题，尽管人们几乎从来不会像《钟形曲线》一样，明确讨论智力的重要性。大部分研究者一致认为，智力方面的研究数据只对政策有影响，而政策的目的则需要通过民主方式来决定。6.6 节会再次论述这个问题。不幸的是，人们普遍认为，智力的心理测量研究会破坏进步的社会议程，因为从测验结果来看，一些种族和民族之间存在平均分差。群体间的相对平均差异，通常会激发对智力实证研究的漠视，尽管神经科学研究正在推动这个领域的发展，下一章会详细论述这一点。在此之前，我们继续分享智商数据以及数据的意义。

1.10.4　智商和才能的纵向研究

童年阶段的测验分数，其预测力是惊人的，三大具有代表性的纵向研究证明了这一点。三项研究都从未成年人测验开始，测验范围是他们的心理能力，以及他们在人生数十年间各个阶段的成就；分别开始于1920年代的加利福尼亚州，1930年代的苏格兰，1970年代的巴尔的摩。

研究1　斯坦福大学的刘易斯·推孟教授，在1920年代发起了一项长期的高智商个体研究。将比内智商测验引进美国，并修订为斯坦福-比内智力测验的，就是这位刘易斯·推孟教授。推孟设计了一个简单的研究方式。他让很多学童接受斯坦福-比内测验，从中挑选出智商高的儿童，进行长达数十年的全面研究。推孟的研究有两个目的：找出高智商儿童的特征；预测他们成年以后会是哪种人。当时，大众对高智商成年人的印象与现在并无多大不同。比如，弗朗西斯·高尔顿（Francis Galton）就在1884年出版的《遗传的天才》（*Hereditary Genius*）（Galton & Prinzmetal，1884）中写道："现在流行一个观念，认为天才都是不健康、骨瘦如柴的人——只有大脑没有肌肉——视力不好，通常来说体质虚弱……"（reprinted in Galton，2006）。

推孟的研究（Terman，1925）：1920～1921年，从来自加利福尼亚公立学校的250000名儿童中，选出了1470名智商135～196分的儿童，每隔7年，再次对他们进行测验和采访。他们的平均智商约为150分，其中80人的智商超过170分（位于前0.1%）。整个团体被称为"推孟人"（Termites）。他们完成了全面的医学测验、物理测量、成就测验、性格和兴趣测验、特征评价，父母和老师都为研究提供了补充信息。同时接受测验的，还有智商处于平均水平的对照组。推孟的研究分成5卷出版，数据量非常大。

关于推孟人的人生，总结出来的重要研究发现完全推翻了人们对高智力儿童和成人的刻板印象。消极、愚蠢的特质基本上属于无中生有。他们既不古怪，也不虚弱。总体上，他们的身体都非常强健，身体和情感都比同龄人更成熟；纵观整个研究过程，推孟人比对照组的受试者更幸福、适应力更强。虽然他们也要面对各类生活问题，但后续研究发现，他们在图书、科学论文、短篇小说、诗歌、作曲、电视电影剧本和专利方面取得了可观的成就（Terman，1954）。然而，后来的追踪研究也表明，高智商不一定能独立预测个体的成功。动机也是很重要的因素，推孟认为高智商在很大程度上受到基因的影响，但同时也认为，出色的能力需要出色的教育来培养，从而将学生的潜能最大化。这听起来似乎不算激进，但是即使是今天，人们也在争论，是否应该将一些教育资源分配给最有天赋的学生，帮助他们发展非凡的才能。

推孟的研究还证明了智商分数的预测是有效的。童年智商分数能识别出未来的优秀者。然而，和所有研究一样，该研究也有不容忽视的缺点：（1）推孟干涉了“研究对象”的人生，为他们提供大学和入职推荐信；（2）因为教育和就业问题上存在严重的性别偏向，女性推孟人基本上都成了家庭主妇，所以无法实现有效的男女对照。同样缺少的，还有少数群体的数据。那么主要发现会因为这些问题而无效吗？不会。总体上，高智商个体的成就水平是不受影响的。而且，幸运的是，一项更新的研究对推孟的研究做出了改进，为我们提供了更多数据。

研究2 第二项纵向研究，是约翰·霍普金斯大学开展的“对数学和科学能力早熟的青少年的研究”（The Study of Mathematically & Scientifically Precocious Youth)。1971 年，朱利安·斯坦利教授（Julian Stanley）开始了这项雄心勃勃的研究（Stanley et al., 1974)。斯坦利博士重启了推孟的研究，但他使用的数据，是 11 ~13 岁初中生在“天才搜索”特殊测验中所得的 SAT 数学（SAT -M）超高分，而不是智商分。也就是说，斯坦利关注的是一种非常明确的心理能力，而不是 g 因素。这项研究同样有两个主要目的：第一，趁早发现早熟的学生；第二，培养他们的特殊才能。

1971 年，我开始在霍普金斯读研，该研究开始后的前几年，我也是参与者之一。我必须说，最初就是在这段经历的影响下，我开始对智力产生兴趣。斯坦利博士是我在霍普金斯遇到的最权威、最有趣的导师之一。

该研究起源于 1960 年代。斯坦利博士遇到了一个早熟的学生，一系列心理测验结束后，在斯坦利博士的帮助下，这个学生在 13 岁时被霍普金斯大学录取。后来，斯坦利博士将这个少年称为第一个“天才跳级生”(radical accelerant)，其名为约瑟夫·B。在霍普金斯大学的第一年，13 岁的约瑟夫选修了微积分、大二物理、计算机科学，他的平均成绩是 3.69，总分是 4.0。上大学期间，他虽然住在家里，却和其他大学生成了朋友，并很好地适应了跳级后的学习环境。四年间，他拿到了计算机科学专业的文学学士学位和理学硕士学位。18 岁，他开始攻读康奈尔大学计算机科学博士学位，后来在事业上也硕果累累。

从一开始，斯坦利博士的主要目的，就不只是找出并追踪那些早熟的学生，他还打算选拔最优秀的个体，为他们提供跳级教育，包括提前进入大学。因此，便有了这样一个想法：通过 SAT -M 测验筛选初中生，找到数学和科学能力早熟的个体。斯宾塞基金会（The Spencer Foundation）从1971年开始，为斯坦利博士提供多年研究经费，首次启动“天才搜索”计划是在1972年。巴尔的摩的初中生必须有数学老师的推荐才能参加测验。实际的SAT－M测验是按标准方式进行的。在首次搜索中，共有396名7年级和8年级学生参加SAT－M测验。第一次“天才搜索”有两个引人注目的结果。396人中，有22人得分超过660，高于当时霍普金斯大学新生的平均成绩；这22人都是男生，参加测验的173名女生，得分都在600以下。

多年以来，男女比例问题已经大大改善，此次测验呈现的悬殊却让人惊讶。至于那22名得分高于霍普金斯大学一年级学生的男孩子，他们有什么特征？早期数据分析证实了推孟关于刻板印象的结论。这些数学能力早熟的学生，在身体和情感上比同龄人更成熟。我最早执行的研究计划之一，就是让这个早熟团体接受一些标准化性格测验。总体上，得分表明他们更像大学生，而不是他们的同龄人（Weiss et al.，1974）。

斯坦利教授认为，经过改进的课堂，并不如真正的大学课堂富有成效，因此他帮助很多能力超群的学生提前进入了大学。多年间，最早熟的学生中很多人提前被大学录取，他们通常住在家里。没有证据表明跳级对他们造成了任何情感伤害。和推孟人一样，他们之中的很多人，在后来都拥有了成功的、成就颇丰的事业。

原来的“天才搜索”计划经历了巨大的变革，现在除了提前入读大学以外，还包括很多丰富学业成就的项目，比如以数学和科学实践为主题的夏令营。你可以在网上找到这些项目的更多细节。实际上，其中一名与“天才搜索”计划有联系的学生，正是谷歌创始人之一谢尔盖·布林（Sergey Brin）。被“天才搜索”计划发现的天才，还包括马克·扎克伯格和 Lady Gaga。真的，查查看吧。

研究者对参加过最初搜索测验的数千名学生进行了详细的后续调查。这些学生在十多岁时参加搜索测验，测验分数说明他们拥有早熟的数学能力，后续研究结果表明，他们之中很多人的人生和职业都非常成功。（Lubinski et al.，1996，2014；Robertson et al.，2010；Wai et al.，2005）

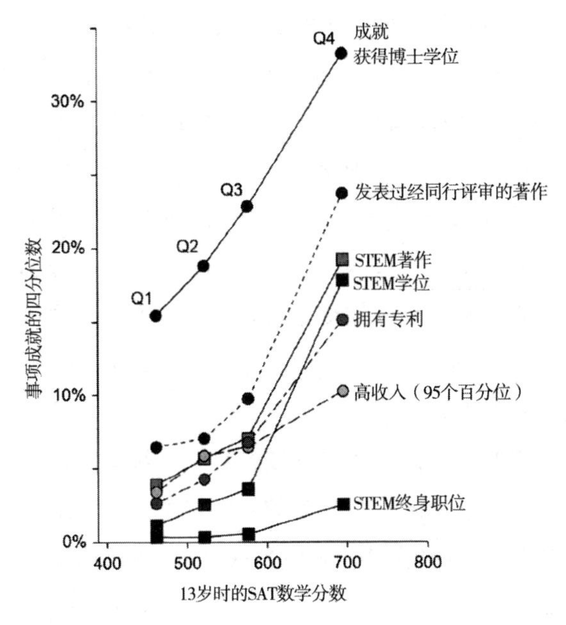

图 1.6　13 岁时的 SAT 数学成绩对成年后学术成就的预测。（Reprinted with permission，Robertson et al.，2010）。

图 1.6 以为期 25 年的后续研究为基础，统计了最初测验得分排名前 1% 的 2358 名学生的专业成就（Robertson et al.，2010）。根据 13 岁时的 SAT 数学成绩，这些学生的成绩被分成四等份。x 轴代表 13 岁时的 SAT－M 分数。y 轴代表某项成就的四分位数，

比如获得博士学位（PhD、MD 或 JD），发表过经同行评审的著作，获得博士学位和 STEM 领域（科学、技术、工程、数学）的终身职位，拥有专利，以及拥有高收入（位列第 95 个百分位）。

如图所示，13 岁 SAT－M 成绩在 400～500 之间的学生（在所有 13 岁学生中排名前 1%，但在所有样本中是分数最低的 25%），约 15% 拥有任一领域的博士学位，这个比例随着分数的上升而变大；在 SAT－M 分数最高的 25% 学生中，高学位拥有者约占 35%；如图最上方带黑点的线条所示。其他成就也呈相同趋势。

每种成就后面的 OR 值代表比值比（odds ratio），是分数最高的 25% 样本拥有一项成就的比例，与分数最低的 25% 样本拥有该成就的比例的比值。如图所示，比例悬殊最大的一项成就，是拥有 STEM 领域博士学位，OR 值为 18.2。意思是，在 SAT－M成绩排名前 1% 的 13 岁学生中，分数最高的 25% 获得 STEM 博士学位的概率，是分数最低的 25% 获得该成就的概率的 18 倍。也就是说，就算是在稀少的 1% 中，分数最高的个体获得这些成就的概率也是最高的。

不要忘了，这 1% 个体在 13 岁时参加的一项测验中脱颖而出。再次向你证明，这一标准化测验分数的预测是相当有效的。显而易见，早年分数排名 1% 的个体会在将来取得可观的成就；但即使是在这一小部分个体中，也是分数越高的人，取得这些成就的可能性越大。对最初的“天才搜索”测验参与者的纵向研究仍在继续，后续研究由范德堡大学的卡米拉·本博教授（Camilla Benbow）和戴维·鲁宾斯基教授（David Lubinski）领导。

研究 3　第三项纵向研究是“苏格兰心理测验”（Scottish Mental Survey）。这是一项真正意义上的大规模调查，由苏格兰政府发起。所有 1921 年和 1936 年出生在苏格兰的儿童，都在 11

岁时接受智力测验，并在年龄增长后再次接受测验。与前两项研究不同，该研究开展的一般智力测验中，受试者几乎是全苏格兰所有适龄儿童，而不是只以样本中的高分天才为研究对象。(von Stumm & Deary，2013）接受测验的儿童总人数约为 160 000 人。

该项研究于 1930 年代启动，当时引起了全世界关于国家智力和优生学的热烈讨论，并在德国种出恶果。这是第二次世界大战结束后，智力测验成为学术界负面话题的一个原因。然而，另一些国家采用智力测验的原因，是想通过测验分数进行客观评估，不分出身和贫富，为所有学生提供机会上最好的学校，让社会各阶层都有机会接受更好的学校教育。实际上，这正是“二战”之后英国的情况，也是美国开发和利用 SAT 测验的重要动机。

但是，“苏格兰心理测验”在 1932 年的第二轮测验结束后就终止了。后续纵向研究的开展，很大程度上是因为有人在一间旧储藏室里，偶然发现了原来的研究数据。现在，爱丁堡大学的伊安·迪里教授（Ian Deary）带领的研究团队，正利用以前的数据库和后续评估，研究智力对老化的影响。几年前，迪里博士拿到苏格兰政府重拨的款项，尽可能恢复了当年手写的研究记录，将所有数据存进计算机数据库里。他还从原来的受试者中，找到了仍然在世并愿意再次接受测试的 550 人。因此，便有了后续数据。我们来看两个有趣的纵向分析结果。

1. 11 岁时智商和 80 岁时智商的相关性（r =0. 72）证明，几十年间个体智商相当稳定（Deary et al.，2004）。最初和后续研究所采用的智力测验被称为“莫雷·豪斯测验”（Moray House Test）。该测验提供的智商分数基本上与斯坦福－比内测验或 WAIS 测验相同。

回忆之前说过的，流体智力随着年龄的增长而衰退。晶体智力更加稳定，该研究采用的测验所提供的智商分数，结合了流体智力和晶体智力。虽然该研究不涉及智商的不同构成部分，但我们仍应注意，不同成分的智商也许会随着年龄的变化而上升或者下降（Hartshorne & Germine，2015）。

2. 11 岁时智力测验得分较高的个体，比他们得分较低的同学更长寿，如图 1.7 所示。（Batty et al.，2007；Murray et al.，2012；Whalley & Deary，2001）

图 1.7 中，上图显示女性数据，下图显示男性的数据，两个性别的数据呈相同趋势。x 轴代表受试者的年龄，从 10 岁到 80 岁，每 10 年一分割；y 轴代表随着年龄的增长，最初受试者中仍然在世的人的比例。两图都分开呈现了 IQ 排名位于前 25% 和后 25% 的个体的数据。

以图 1.7 中的女性数据图为例，注意最右边的数据点（年龄接近 80）。可见高分组仍在世女性所占的比例更大，约为 70%，低分组仍在世女性的比例约为 45%。这个区别很明显，并从 20 岁左右便开始显现。男性高分组和低分组的区别与女性相同，但开始显现的时间更晚，在 40 岁左右，而且数据点的分布趋势不是非常稳定。因为英国实行全民医保，所以这些数据并不会受到不同保险覆盖率的影响。但是，为什么智商会与长寿有联系呢？有一种解释是，11 岁以前，多种遗传和环境因素可能影响到智商，较高的智商有利于形成更健康的环境和行为，或许还有更好地理解医嘱的能力，从而影响个体的寿命。然而，存在有力的证据表明，更好的解释应该是，死亡率和智商受到共同的遗传因素的影响。据估计，死亡率和智商相关性的变化，84% ~95% 可能是基因导致的。(Arden et al. , 2015)

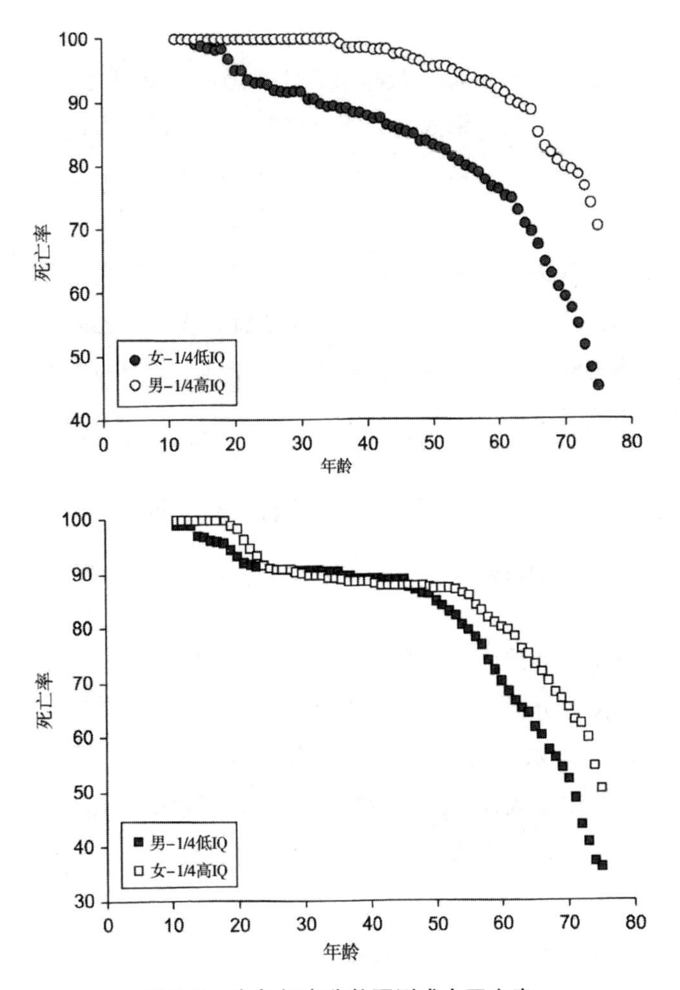

图 1.7　童年智商分数预测成人死亡率

注意观察，高智商组近期仍在世的人数明显多于低智商组。(**Reprinted with permission, Whalley & Deary, 2001**)。

对三项典型研究提供的证据进行简要概述。推孟的研究传播了智商分数的重要性，推翻了普遍存在的对天才儿童的消极看法。从本质上讲，资优教育便是起源于这项研究。斯坦利将推孟的研究方法和新的测验结合起来，找出最有天赋和才能的学生，进一步培养他们的学术成就。迪里对苏格兰全国调查的分析，让人们重新认识智商的稳定性，以及智力对一些社会和健康问题的重要影响。

这些研究提供了有力的数据，表明早年心理测量的分数能多方面预测个体将来的人生，包括专业成就、收入、健康乃至死亡率。基本论点：越聪明越好，即使只是在早年的测验中得到相对于其他人而言更高的分数。

1.11 为什么关于智力定义和智力测量的错误观点长期存在？

既然研究证据已经说明了智力测验分数的意义，为什么人们仍然认为测验分数几乎是无效的？我们可以通过一个例子来说明这个情况。偶尔，大学招生代表会断言，他们发现平均绩点（GPA）和SAT成绩之间不存在联系。之所以会得出这种观点，几乎总是因为在研究两个变量的相关性时，没有充分理解一条基本的统计原则。为了统计两个变量之间的相关性，我们必须掌握各变量的大范围数据。以麻省理工学院为例，大部分学生的SAT成绩都局限在狭小的高分范围类。这是典型的范围限制问题。因为学生之间的分数变化幅度很小，所以GPA和SAT分数之间的联系显得并不紧密。只从高水平、低水平或中等水平的学生中取样，会限制统计范围，得出低相关性或零相关性的错误结论。实际上，很多关于智力测验分数预测“失败”的结论，都是范围限制导致的。

关于范围限制导致错误结论，我们还有另一个典型例子。1930 年代，路易斯·瑟斯顿（Louis Thurstone）质疑斯皮尔曼的 g 因素理论，提出以七种“基本能力”（Primary Ability）为基础的测量模型。他认为这七种能力是互不相关的，也就是说，不存在相关性，也不存在共有的 g 因素。其中包括空间能力，需要受试者对图像和物体进行心理旋转；知觉速度，需要受试者用最快的速度寻找图像之间的细微差别；数字能力，通过计算测验进行测量；言语理解，通过词汇测验进行测量；言语流畅，需要受试者在规定时间内说出尽可能多的词汇；记忆，需要受试者回忆数位和物体；最后是归纳推理，通过类比和逻辑测验进行测量。

然而，瑟斯顿的研究没有得到后续研究的支持。原来最初的研究是错误的，因为瑟斯顿使用的样本没有覆盖所有可能存在的分数。也就是说，他的样本范围受到了限制，个体检测结果之间没有明显差异。后续研究纠正了这个问题，接着便发现瑟斯顿的“基本”能力是彼此相关的，且存在 g 因素。因此，瑟斯顿撤销了原先的结论（Thurstone & Thurstone，1941）。为什么要在一本新时代的书中阐述 1930 年代的例子？因为在后面的章节中，我们将会看到现在仍有多到令人惊讶的研究因为范围限制得出错误结论。

基于因素分析的不同模型，因素结构有所不同，这使一些批评者认为 g 因素只是因素分析法的统计假象（statistical artifact）。现在关于智力的因素分析研究和心理测验有数百项，参与者数以万计，所使用的因素分析方法有很多种。基本论点是，每一项研究都存在 g 因素。最重要的一点是：只要每个成套测验都包含数量充足的分测验，所测量的心理能力范围广泛，受试者的能力水平分布范围够广，那么提取自不同成套测验的 g 因素之间，就几乎是完全相关的关系（Johnson et al.，2004，2008b）。最近一项以 180 名大学生为受试者的研究表明，根据受试者在一组电子游戏测验中的表现提取出来的 g 因素，与根据他们在另一组认知测验中的表现提取出来的 g 因素，是高度相关的（0.93）。（Ángeles Quiroga et al.，2015）诸如此类的研究有力地证明了，g 因素不是一个统计假象，尽管作为等距量表（interval scale），它的意义是受限的。此外，从逻辑上讲，如果 g 因素只是一个统计假象，那么 g 分数就不会如我们之前已经注意到的，与日常生活中其他复杂因素的测量相关，也不会如后面的章节将要详细论述的，与遗传和大脑因素相关。

最后，贬低智力测验和 SAT 等心理能力测验的有效性的主要动机，也许是想说明群体间的平均分差只是测验中的统计假象，这是很多人的愿望。在我看来，这个动机是不合时宜的。虽然导致群体间平均测验分差的原因尚不明确，但是这些差别是教育和其他领域都关心的重要问题，值得我们采用最精密的研究，以此为基础找到成因和潜在的补救方法。想象一下，关于大脑发育和智力，我们已经开始解决一些重要问题（详见第 3、4 章），提高智力是接下来要考虑的目标（详见第 5、6 章）。

在进入探讨大脑的章节之前，下一章，我们要总结一些有力的证据，说明智力有重要的遗传成分，以及“智力基因”（intelligence genes）对大脑的影响。此外，我们也将介绍环境因素施加给基因表达的表观遗传学影响，这种影响通过生物过程作用于大脑。这些证据综合在一起，支持了我们的基本假设：智力是 100% 与生物过程有关的。

本章小结

- 智力可以被定义和测量，从而运用于科学研究。
- 在预测一个人相对于其他人来说的智力水平时，g 因素是一个重要概念。
- 人们热烈讨论很多学生预科课程不及格的原因时，很少提及智力，这一点显得很意外。最优秀的教师不应该追求超出学生能力范围的教学目标。
- 至少有四项研究证明了智力测验分数的有效预测力，以及智力对学术和人生成就的重要影响。
- 智力测验是许多重要的实证研究发现的基础，但主要问题是没有可用于智力测量的比率量表，因此测验分数只有在与他人相比较时才有意义。
- 尽管关于智力定义和测量的错误观念广泛存在，神经科学研究仍在试图理解以智力为基础的大脑过程，以及这些过程的发展。

问题回顾

1. 科学研究是否要求对智力进行准确的定义？
2. “学者”的特定心理能力与 g 因素之间的区别是什么？
3. 智力测验分数为什么和长度、液体或重量的测量值不同？
4. 有限范围是指什么？为什么对于智力研究来说这是一个重要概念？
5. 关于智力的两大错误观念是什么？为什么长期存在？
6. 你认为本章以一段 1980 年的引文为开头的原因是什么？

拓展阅读

Human Intelligence(Hunt,2011). This is a thorough textbook that covers all aspects of intelligence written by a pioneer of intelligence research. It is clearly written, lively, and balanced.

Straight Talk about Mental Tests(Jensen,1981). This is a clear examination of all issues surrounding mental testing. Written without jargon by a real expert for students and the general public. Still a classic, but you may find it only in libraries or from online sellers.

The g-Factor(Jensen,1998). This is a more technical and thorough text on all aspects of the g-factor. It is considered the classic in the field.

"The neuroscience of human intelligence differences" (Deary et al. ,2010). This is a concise review article written by long time intelligence researchers.

IQ in The Meritocracy(Herrnstein,1973). This controversial book put forth an early argument about how the genetic basis of IQ was stratifying society. The Preface is a hair-raising account of the acrimonious climate of the times for unorthodox ideas. This book is hard to find, but try online sellers.

The Bell Curve(Herrnstein & Murray,1994). This is possibly the most controversial book about intelligence ever written. It expands arguments first articulated in IQ in the Meritocracy. There are considerable data and well-reasoned positions about what intelligence means for public policy.

第2章 先天多于后天：遗传对智力的影响

给我十来个婴儿，健全的，让他们在我特别规划的世界里成长，我保证能把随机选出的任一人，按计划培养成某个类型的专家——医生、律师、画家、商界领导，没错，甚至是乞丐和盗贼，不管他们的天赋、爱好、倾向、能力、职业、祖先的种族是什么。我承认，我夸大了事实，但持相反主张的人也一样，而且他们已经将这种做法持续了几千年。

（Watson，1930，p. 104）

……“白板说”是关于大脑功能的经验假设，我们必须对其是否属实进行评估。关于心理、大脑、基因和进化的现代科学提供了越来越多的证明，表明这一学说并不正确。

（Pinker，2002，p. 421）

找出与 g 的遗传性相关的基因，将带给科学乃至社会最深远的影响……尽管人们正在挑战艰巨任务，试图找出会产生影响的基因，但我预测 g 的大部分遗传性最终都会由特定的基因来解释，即使其中涉及的基因有几百种。

（Plomin，1999，pp. 27，28）

基因的发现让我们向理解人类认知的神经生理学基础迈进了一步。此外，当基因不再是潜伏在模型中的因素，而是可测量的因素时，找出与基因构成相互作用、相互关联的环境因素也变得可行。因此，长期存在的关于先天后天的争论，将由实际的知识取代。

(Posthuma and de Geus，2006，p. 151)

也许有人会提出，证明遗传对行为特征具有影响已经不再让人惊喜，找到不受遗传影响的特征才更令人感兴趣。

(Plomin and Deary，2015，p. 98)

学习目标

- 关于智力的先天—后天争论是否从根本上得到了解决？
- 能证明基因影响智力的最有力的证据是什么？
- 年龄如何改变环境对智力的影响？
- 数量遗传学和分子遗传学领域的主要研究方法是什么？
- 为什么找出智力相关基因的难度如此大？

概　述

我们的大脑是和身体其他部分一起进化的。如果承认遗传影响了人类的所有生理特征，却对作为智力基础的大脑或大脑机制毫无影响，这是不可能的。尽管如此，遗传学对人类特征的解释（即使是部分解释）却经常引起怀疑和不安。一定程度上，这归因于一个假设，即任何与基因有关的特征都是不可改变的、不可抗拒的、限制性的。我们会发现，这个假设并不总是正确的，而且，在我们已经掌握了几项强大的基因操作技术的情况下（见 5.6 和 6.3），该假设的对立面反而有可能是正确的。一些基因是不可抗拒的，你有这个基因，就意味着你有某个具体特征，但在谈论智力等复杂特征和行为时，我们最好说基因的影响是基于概率的，而不是不可抗拒的。也就是说，基因可能会提高有某个特征的概率，但是你究竟会不会有这个特征则是取决于多种因素的。例如，从遗传上讲，你可能有患心脏病的风险，但是你可以通过饮食和锻炼，将风险降低。

在极端偏向遗传影响的情形中，就算人们的智力差异 100% 归因于他们从父母那里继承的随机组合的基因，一些基因及其表达会被环境因素改变的可能性依然存在。基因表达和非遗传因素的相互作用，被称为表观遗传，后文会详述。在 100% 遗传情形中，如果一个人运气好，继承了高智商基因（换言之，遗传自父母的随机组合的基因中，包括最重要的智力基因），他（她）也很可能也会摆脱糟糕的、不太理想的或者充满限制的环境。完全（或基本上）取决于基因的情形，也会使人们得到一条实际建议：尽可能找最聪明的配偶（可能没有说起来简单）。在 100% 遗传情形中，运气不好的人智商偏低，在生活中一些重要的方面受到限制，即使拥有能用钱买到的最有帮助或最有利的环境，也难以获得成功。

在另一个极端情形中，如果智力差异与遗传机制无关，那么每一个人的智力就都由环境影响决定，尤其是童年环境，在这个时期，人的大脑发育程度是最高的，而选择有利环境的能力是最弱的。完全（或基本上）取决于环境的理论，很容易使人们成为行为主义者（Behaviorist），或者得出“白板说”（Blank Slate），认为只要存在正确的环境要素，任何人都可以被培养出高智商或其他任何心理特征（Watson，1930）。尽管传统的行为主义大体上已经消亡，“白板说”仍然很受欢迎。此外，“白板说”关于人类潜能的理论限制了行为的大多数方面的实证支持（Pinker，2002），进而完全限制了智力方面的实证支持，本章会论述这个问题。

普遍的中立观点认为，基因（先天）和环境（后天）都是智力差异的原因。过去，这个立场的简单说法是，遗传和环境因素起到了同样重要的作用。现在我们意识到，基因和环境是互相作用的，因为基因表达可能易受环境变量的影响。这是表观遗传学的本质，表观遗传学是研究环境如何影响基因起作用的学科。当与环境进行复杂的相互作用，也是随机组合的基因的特点时，我们很难将智力差异仅归因于基因。表观遗传学是一个相对来说比较新的领域，但已经出现了可观的迹象。例如，一项纵向研究发现，罗马尼亚孤儿有患上认知和精神疾病的风险，这些问题在一定程度上是由早年的极端社会剥夺引起的。DNA 分析表明，具体的基因改变与剥夺程度有关（Drury et al.，2012）。动物研究表明，一些与环境因素有关的基因表达的改变，实际上也许是可遗传的（Champagne & Curley）。这些研究使人兴奋，但目前为止，并没有与人类的智力产生直接联系，尽管出现了相当多的关于记忆的表观遗传学研究（Heyward & Sweatt，2015）。环境变量，比如童年早期接触的语言（Kuhl，2000，2004），对大脑的神经生物学特点和大脑发育有影响，至于这些因素如何影响着智力，目前还没有被证实的结论。虽然不知道有多少表观遗传因素是引起智力差异的原因，但是这个概念强化了一个假设，即任何显著的环境变量都能影响生物机制，不管是不是与遗传有关。目前，证据权重突出了基因对智力的影响，不管是否伴有已知的表观遗传影响。

2.1　遗传学观点的演变

短短几年间，基因的定义已经发生了变化，这或许会让你觉得惊讶（Silverman，2004）。在技术驱动的人类基因组计划（Human Genome Project）启动之前，遗传学研究者指望能找到 10 万个基因，因为基因编码蛋白质，蛋白质是生命的构成要素。人体中至少有 10 万种蛋白质。人们过去认为，每一个基因编码一种蛋白质。然而，人类基因组计划最初公布的蛋白编码基因只有约 2.5 万个，而且这个数量经过修正，可能已经降到了 2 万个以下（Ezkurdia et al.，2014）。这意味着，每一个基因都有很多种表达方式，控制基因表达的机制基本上还是未知数。基因表达只是基因在生命过程中起作用或不起作用的一种说法。它致使影响生理所有方面的蛋白质组合，在复杂的、动态的、互相作用的过程中不断变化。让基因起作用和不起作用的开关或诱因究竟是什么？这些开关如何与环境因素相互作用？基因和蛋白质的大量产物如何一步一步相互作用？这些是新生的表观遗传学领域重点研究的问题。

纵观历史，大多数研究者都认为，不管智力的定义是什么，它都是在一个人的童年时期发育，并在很大程度上受到环境因素的影响，尤其是家庭生活和社会文化。根据这个观点，基因的作用不管是什么，都被看得不重要，一些研究者甚至认为基因对智力没有任何影响。这个观点强调了早年环境的重要性，听起来似乎有道理，甚至让骄傲的家长感到愉快，但奇怪的是，那些支持环境对智力有很大影响的证据，尤其是童年早期影响方面的证据，却非常没有说服力，后文将细说。虽然表观遗传学提供的概念，使人们继续考虑与环境因素的重要性有关的理论，但表观遗传学对智力的研究才刚刚开始（Haggarty et al.，2010）。尽管如此，就像气候变化一样，支持智力涉及重要的遗传因素的数据很有说服力，而否定和忽视遗传影响的人则在迅速减少。

总体上，我们并不希望潜在的人生成就受到任何限制，因此，我们不会把智力与遗传紧密相关当成好消息欣然接受。在一些受益于文化研究的学术社会科学圈里，这种态度尤其明显。事实上，数十年来，人们一直在尽全力破坏、否定和质疑所有与智力有关的遗传学研究（Gottfredson，2005）。1960 年代和 1970 年代，人们用同样的方式对待精神分裂症和其他精神疾病有关的“谎言”，如今这种态度几乎已经消失了。很多反遗传学情绪，都是作为道德上的回应出现，回应对象是 19 世纪和 20 世纪初期的优生学运动，1930 年代和 1940 年代的纳粹暴行。与本书最接近的，是加利福尼亚大学伯克利分校教育心理学家亚瑟·金森（Arthur Jensen）在 1969 年发表的一篇论文。我们很快就会讨论这篇声名狼藉的论文。

介绍遗传学研究时，我们要记住一点：在本书中，无论什么地方，只要谈到任何变量或因素对智力的影响，指的都是对人们智力差异的影响。

行为遗传学，由字面意思可知，是研究行为特征的学科，分为两种基本类型：数量和分子。前一个类型起源于孟德尔的豌豆实验，目的是确定某种行为或特征（表现型）是否存在遗传因素（基因型），如果存在，那么基因会引起多大程度的差异。数量遗传学包括模拟基因传递方式（比如，显性或隐性）。双胞胎研究和收养研究是主要的数量遗传学研究方法，我们将回顾一些重要研究和出人意料的发现，这些发现支持了基因对智力个体差异的重要影响，以及环境变量的微小影响。分子遗传学是一个更新的领域，致力于利用各种 DNA 技术和方法，找出与具体特征差异有关的基因，就智力而言，则要确定基因是如何影响大脑发育和大脑功能的。这个目标和任何一个科学领域的目标一样复杂。到目前为止，与智力有关的分子遗传学发现还非常不确定，因为基本上还没有找到可能与智力有关的基因复制。尽管如此，该领域仍然取得了进展，本章将介绍一些介于有趣和惊人之间的研究发现。

大约在 20 年前，人们开始热衷于分子遗传技术，乐观地以为，很快就能发现一些与智力差异有关的重要的基因。这个愿望至今没有实现，面对寻找特定智力基因的失败，不少反对遗传观点的人表现出了欢喜的心情。然而，早期迹象表明，寻找智力基因实际上是寻找“通才基因”（generalist gene），每一个这样的基因都对多种构成智力的认知能力有影响。科瓦斯（Kovas）和普洛明（Plomin）（2006）对这个观点进行了简要总结：“大脑构造和功能的遗传因素是一般的，而不是特定的。”（p. 198）两个重要概念是：一个基因可以影响很多个不同特征（多效性，pleiotropy）；很多个基因可以共同影响一个特征（多基因性，polygenicity）。

尽管通才基因的概念存在争议，但智力是可遗传的、多基因性的，已经成为一个广泛的共识。例如，一项以 3511 名成年人为基础的研究发现，很多个智力基因共同作用，可以决定 40% ~ 50% 的一般智力差异（Davies et al. ，2011），尽管目前还没有发现哪一个单独的基因明显能够影响智力差异。其他研究支持基因对不同认知能力的多效性（Trzaskowski et al. ，2013a）。精神分裂症、孤独症、肥胖症，以及很多其他性状，乃至身高，都在很大程度上受基因影响，调查这些性状的研究者们得出了相似的多基因性和多效性结论。现阶段，人类智力的遗传性已被广泛接受，甚至已经出现了黑猩猩的遗传数据（Hopkins et al. ，2014）。遗传数据的某些方面还未得到解决，还存在解释问题（Nisbett et al.，2012；Shonkoff et al.，2000），或许在特定智力基因被找到和确认之前，问题会一直存在。最近试图将遗传对智力的影响最小化，以支持环境影响的结论（Nisbett，2009）都经不起推敲（Lee，2010）。幸运的是，有一些更新的发现，可能预示着确定特定基因及其作用的研究已经有了实际进展。在回顾最近有哪些值得关注的数量遗传学和分子遗传学研究之前，作为智力遗传的历史背景，我们先来了解一大令人震惊的失败和所谓的“造假”。

2.2 早期提高智商尝试的失败

1969年，失败毫无预兆地造成了尴尬局面。1960年代早期，林登·约翰逊总统作出与贫困作斗争的决定。这个值得赞赏的计划的一方面，是消除数十年来已经被注意到的一大顾虑。贫困家庭的孩子，尤其是来自少数族群的孩子，认知测验的分数偏低，包括智商测验。当时的教育家、心理学家和政策制定者一致认为，测验揭晓的任何认知差距，尤其是智力差距，主要或者完全是不利的教育因素导致的，因此，如果贫困家庭的孩子能得到中产阶级或上流社会的早期教育机会，差距就会被消除。过去，贫困家庭实际上是无法得到这些机会的，尤其是在1954年最高法院废止种族隔离和实行平等教育途径之前。消除认知差距的方法似乎显而易见，补偿教育（compensatory education）推动了联邦资助的“领先教育方案”（Head Start Program）。在领先教育之前，不同的补偿教育示范项目在有限基础上得到实施。在缩小认知差距、提高智商分数方面，其中一些项目公布了充满希望的、甚至激动人心的积极结果。以这些尝试为基础，人们乐观地认为领先计划将成功消除差距。

《哈佛教育评论》（*Harvard Educational Review*）请著名教育心理学家亚瑟·金森对这些早期补偿教育尝试宣称的结果进行评价（此时，领先教育实施的时间还不够长，因此没有出现在这些评论里）。金森的论文（1969）题为“我们能将智商和学术成就提高多大幅度？”。文章开头的一句话是：“人们尝试了补偿教育，而且明显是失败了。”金森做出了详细的 100 多页的智力研究分析，揭示了不管是对智商还是学业，补偿教育几乎没有起到什么长期作用。在刚刚启动的领先教育方案广受推崇的政治背景下，这个结论已经糟糕透顶，但是金森的遗传学观点使得这篇文章更加不被接受。他首先评介了关于环境对智力的影响的研究。他得出的结论是，那些环境对智力、尤其是 g 因素有重要影响的实验证据，实际上非常没有说服力。他接着指出，原因之一是智力差异，尤其是 g 因素的差异，大多都是遗传性的。他对似乎能证实这个观点的遗传学研究进行了概述。在 1969 年，他的结论是有点超出实际的，因为当时不管是环境方面的研究，还是遗传学研究，都缺少大样本和可靠的研究方案。然而，这篇论文不仅抨击了智力主要受环境影响的主流观点，还提出了一个有争议的主张，这里的“有争议”是一种保守说法。因为智商分数似乎并没有受到补偿教育的影响，而且基因的作用很重要，所以金森断言，已经发现的少数族群和白人之间的平均智力差异（主要指白人和黑人的差异），可能与遗传有关。随着他的假说的发表，几乎所有智力研究都终止了，这个状态持续了 30 多年。

金森的评论文章引起了激烈的负面回应。人们最痛恨和愤怒的，是文章中暗示黑人受基因影响而智力低下的言论，以及影响智力的主要因素是基因而不是环境的总体观点。关于如何将所有学生的学业成就最大化，金森在文末论述了调整教学方法以适应个体学习能力的重要性，但这部分内容几乎没有引起任何注意（见 6.6）。不管怎样，几十年里，一直有批评者不断攻击金森的人品和观点。上一章末尾提到的另一本书，1973 年出版的《精英制度下的智商》（*IQ in the Meritocracy*）（Herrnstein，1973），也因为论述遗传对智力的影响而遭到猛烈批评。面对种族问题和激烈的公众情绪，几乎没有研究者或学生愿意钻研与智力相关的任何问题。智力研究实际上已经不可能再拿到联邦政府的研究经费。几乎在一夜之间，智力研究变成了过街老鼠。

政府虽继续推行领先教育方案，类似的补偿性研究遭到的干预力度越来越大。1970 年代和 1980 年代，批评金森的人抨击了智商测验及其分数的有效性、g 因素的存在、数量遗传学理论，甚至还质疑了研究者个人的操守和动机。一个简单的观点是，智力测验分数显示的任何平均群体差异，都极可能是由测验偏向导致的，因而没有意义可言。如前一章所述，人们已经对偏向假说进行了广泛研究，没有发现有说服力的实验证据。至于测验分数没有实际意义一说，如前一章所述，有大量证据证明测验分数对生活中的许多方面作出了预测（Deary et al.，2010；Gottfredson，1997b）。此外，接下来的两个章节会说到，神经影像证明智力测验分数与大脑结构和功能的许多测量相关；如果智力测验分数不具有意义，则不可能有这些发现。一些批评者提出，g 因素是否只是一个统计假象，许多精密的心理测量研究都没有证实这个观点（Jensen，1998；Johnson et al.，2008b）。其他批评者跳出数据方面的争论，对金森和一些行为遗传学研究者进行了**人身攻击**，指控他们是不折不扣的种族主义者。曾有人直接问金森是不是种族主义者。他回答：“我思考了很久，最后认为这是不相关的。”（Arden，2003，p. 549）我和金森认识了很多年，我明白他想说的是，他对数据的解释，即使存在无意识的种族主义动机，也可以通过客观的科学途径得到验证和检验。他相信未来的研究可能会驳倒他的任何一个假说。大多数人都注意到，面对人身攻击，他显得很镇定，因为他只用数据说话。在我看来，如果有新的数据证明他是错的，他也完全不会失望。

对智力研究历史上这一群情激愤的时期进行概述，是为了说明，在一定程度上延续至今的智力研究负效价（negative valence）的起源，作为本书核心的现代神经科学研究，使智力研究摆脱了陈旧的、破坏性的争议。尽管智力和其他认知能力测验存在平均群体差异的原因尚不明确，但是遗传对个体间智力差异的重要影响已经得到确认，下一部分会详细论述。此外，对如今已更名为“童年早期教育”（Early Childhood Education）的强化补偿教育的研究，仍然没有找到该教育方案对智商分数有长期作用的有力证据，就连短暂提高也与 g 因素没有明显的相关性（te Nijenhuis et al.，2014）。与金森的评论相反的是，一些新近的、更全面的研究表明，学术成就的某些重要方面的确有明显的改善，比如毕业率（Barnett & Hustedt，2005；Campbell et al.，2001；Ramey & Ramey，2004）。还有一些人提出了从数量上看比较周密的推断，认为实施了正确的早年教育方案之后，弱势儿童的智商分数有可能大幅度上升（Duncan & Sojourner，2013），尽管这样的上升还没有被发现，更不用说测试其持久性。我认为，我们有充分的理由支持童年早期教育，这一点并不取决于智商的变化、遗传因素，或其他原因。在关于早期教育的讨论中提智商，可能起不到帮助作用。第 5 章会详细论述神经科学领提高智力的更多研究。

就智力的遗传学基础和早期教育在提高智商方面的失败而

言，我们可以说，金森的假说并没有被又一个45年里的新数据驳倒。感兴趣的读者可以参考本章末尾的资源，了解金森争论的详情（Snyderman & Rothman，1988）。史蒂芬·平克（Steven Pinker）的《白板》（*The Blank Slate*）是一本极好的书，为读者了解智力研究批评提供了更广泛的历史和哲学背景，我强烈推荐此书。我还强烈建议任何有兴趣从事神经科学或其他领域的智力研究的学生，阅读金森的1969年论文。这篇文章经常被引用，经常被歪曲，在我看来，它是一流的心理学论文，提出了值得用现代方法检验的重要观点和假说。

2.3 "造假"没能阻止遗传学的进步

在继续探讨数量和分子遗传学领域的现代发展之前，我们需要再回顾一段历史。讲这个故事也会顺便介绍数量遗传学研究的基础方法。继1969年论文之后，另一种攻击性观点，是声称金森为了佐证他的论点而引用了一些虚假的遗传学数据。根据20世纪中叶的著名英国心理学家，西里尔·伯特爵士（Sir Cyril Burt）的研究报告，这些数据来源于分开抚养的同卵双胞胎。

"造假"故事开始于一个普通的数字：0.771，接下来是故事背景。因为单卵（MZ）双胞胎，即同卵双胞胎，有100%的相同基因，因此在双胞胎身上发现的任何相同特征，都被认为是遗传因素引起的。当然，同卵双胞胎在出生前和出生后所处的环境也是相同的，所以同卵双胞胎的智力测验分数十分相似的事实，并不能排除这种相似是由相似的环境引起的。概念上，通过对比DNA 100%相同的同卵双胞胎的某个特征的相似度，和异卵双胞胎，即双卵（DZ）双胞胎的这一特征的相似度，便能轻松解决上述问题。异卵双胞胎早期所处的环境基本上是相同的，但相同的 DNA 只有 50%，因此异卵双胞胎之间任何特征的相似度都不应该与同卵双胞胎一样强。

其实，这是一个无可争议的结论，因为许多智力研究共同发现，同卵双胞胎的平均相关系数约为 0.80，异卵双胞胎的约为 0.60（Loehlin & Nichols，1976）。收养研究甚至更有效、更有说服力，因为比起比较一起抚养的同卵、异卵双胞胎，收养研究更清楚地区分了遗传和环境影响。例如，丹麦收养研究（The Denmark Adoption Studies）在讨论精神分裂症的病原时，将焦点放到了遗传因素上，与亲生父母不是精神分裂症患者的收养儿童相比，亲生父亲或母亲是精神分裂症患者的收养儿童，长大后患精神分裂症的风险更高。戴维·罗森塔尔（David Rosenthal）是丹麦研究的负责人之一，我从研究生院毕业后，第一份工作就是在其位于国家精神卫生研究所（National Institute of Mental Health）的研究室上班。他曾告诉我，除了设计某些遗传因素以外，这些研究并不能对精神分裂症作出更多其他解释，收养研究方案的优点在于简单。基本上，值得关注的只有两个简单的数字。任何人都可以看到两个群体相比，哪一个患精神分裂症的可能性更大。在这种情况下，要否定遗传的影响是很难的（尽管一些反遗传学批评者肯定尝试过了）。

完善的收养研究相对来说较少。这类研究的难度和复杂程度很大，因为有太多难以控制的变量（比如，收养时的年龄，做智力测验的年龄，定量的环境相似性指数，退出研究的参与者的比率，没有随机分配环境）。尽管如此，这些研究一致发现，就智力测验分数而言，收养儿童与其亲生父母之间的相关性，比他们与养父母之间的相关性更大。事实上，与养父母之间的相关系数非常小，几乎接近 0（Petrill & Deater - Deckard，2004），尤其是当儿童长大之后（Hunt，2011，pp. 230 -231 对此总结得很好）。对那些反对遗传影响智力的批评者来说，这是又一个无法解释的发现。有趣的是，据最近一项收养双胞胎研究报告，双胞胎中被收养的一方与未被收养的一方相比，智商分数更高，表明收养家庭提供的丰富教育机会能使成年早期的智商提高 3 ~ 4 分（Kendler et al.，2015）。值得注意的是，这项研究中的同胞组合大样本和相应的异母（父）同胞大样本。这些样本来自瑞典，对这类信息进行系统化登记的国家。该研究表明收养家庭的环境具有较小的影响力，这一发现不能从任何方面对遗传性进行反驳和质疑。遗传性研究一直表明，环境一定起到了某种程度的作用。尽管如此，慎重是必要的，因为研究中的智商测量只由瑞典军队使用过的 4 项分测验组成。如第 1 章所述，所有智商分数都是对一个潜在概念的预测，很难把群体间的小差异归因于任何因素。

还有一项更有力的研究将收养和双胞胎结合了起来。想象一下，一对同卵双胞胎在出生后不久，被不同家庭分开收养，接触不同的日常环境，两个人甚至不知道彼此的存在。分开抚养的同卵双胞胎，仍然会在智力测验分数上显示出一样相似吗？

这使我们回到 0.771 这个数字上。在 20 世纪中叶的英国，西里尔·伯特爵士首先开始重点研究被不同家庭分开收养的同卵双胞胎的智力。几年间，伯特让多对被分开抚养的同卵双胞胎接受智力测验，这是一个极其罕见的群体，找到他们并让他们参与研究的难度相当大。他首先提出，15 对分开抚养的双胞胎的智力相关性为 0.77（Burt，1943），说明遗传因素对智力的影响很大。后续研究中增加了 6 对双胞胎，他第二次揭晓的相关系数是 0.771（Burt，1955）。他的第三次研究报告包括 53 对分开抚养的同卵双胞胎，提出的相关系数是 0.771（Burt，1966）。

三次研究的样本数量各不相同，从 15 增加到 53，但是每一次新的、更大的样本研究，都得出一个相同的相关系数，0.771（首次研究为 0.77）。伯特的研究结果在金森 1969 年论文中是一个关键内容。金森观点的批评者重读伯特的研究报告，想检查出一些缺陷，这时，0.771 吸引了他们的注意力。他们指出，基于不同样本数量，得出同一个精确到小数点后 3 位数的相关系数，从统计学上来说是不太可能的。他们推断，伯特一定是进行了科学造假，今天的批评者在反对基因对智力有重要影响的观点时，仍然会引用这个例子。造假指控出现后，认识伯特的金森检查了伯特的原始数据文件，发现了许多值得担心的地方，并进行了详细的分析（Jensen，1974）。金森愿意舍弃伯特的数据，但他仍然坚持认为，其他数据支持遗传对智力的影响。大多数研究者在对伯特的数据进行独立研究后，都对故意造假的指控提出了质疑（Mackintosh，1995）。我们也许永远不会知道确切答案，但下面要说的才是重点。

后续由世界各地的研究者开展的大样本双胞胎研究得出，分开抚养的同卵双胞胎智力测验分数的平均相关系数为 0.75（Plomin & Petrill，1997）。伯特提出的相关系数是 0.77。以样本大小在 26 到 1 300 对同卵双胞胎之间的 19 项研究为基础，得出的分开收养的同卵双胞胎的平均相关系数是 0.86（Loehlin & Nichols，1976，table 4.10，p. 39）。与之形成对比的，是异卵双胞胎的数据（Loehlin & Nichols，1976），即以样本数量为 26 到 864 的研究为基础，得出智力的平均相关系数约为 0.60。双胞胎和收养研究的总体情况，在一段时间里是显而易见的（Bouchard & McGue，1981；Loehlin，1989；Pedersen et al.，1992），图 2.1

（Plomin & Petrill，1997）进行了清晰的总结。然而，在之后的研究中，人们有了更加值得注意的发现，这个发现使图 2.1 得到了改进。我们现在知道，接受智力测验的年龄对遗传性预测的影响非常大。这一点将在 2.4 节讨论。

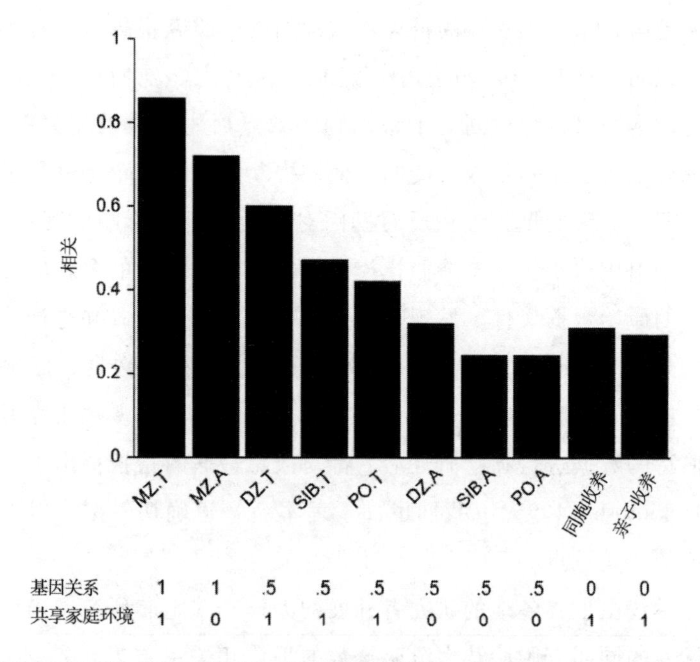

基因关系	1	1	.5	.5	.5	.5	.5	.5	0	0
共享家庭环境	1	0	1	1	1	0	0	0	1	1

图 2.1　以家庭、双胞胎和收养数据为基础，遗传对智力差异的影响

T，一起抚养；A，分开抚养；MZ，同卵双胞胎；DZ，异卵双胞胎；SIB，同胞兄弟姐妹；PO，亲子。（Reprinted with permission，Plomin and Petrill，1997）。

因此，0.771“造假”争论的结果是，独立研究者提供的与伯特的分析完全一致的大量数据得到了认可，尽管伯特的分析可能有错误。任何一项研究或任何一名研究者都可能出错，但是众多双胞胎、收养和收养双胞胎研究提供的数据，一致支持了基因对智力有重要影响这一基本结论。这是判断证据权重的好例子（回想我在“前言”里说过的三条法则：与大脑有关的故事都不简单；没有哪一项研究是决定性的；梳理矛盾的、不一致的发现，并形成证据权重，是需要花很多年才能完成的）。关于遗传对智力的影响，仍有很多尚未解决的问题。比如，横断面研究数据和历史数据表明，全球平均智商分数在持续上升，每过 10 年就会提高 3 分左右。这个现象被称为弗林效应（Flynn Effect）（Flynn，2013；Trahan et al.，2014）。一些评论文章指出，这样的提高不能被归因于遗传学的缓慢发展，这是对的。然而，分数的提高也许不是一个 g 效应（te Nijenhuis & van der Flier，2013），原因尚不可知，但是单是这个现象的存在，并不能反驳遗传对智力有重要影响。本章概述的证据权重是无可怀疑的。依然拒不接受的，只有极端的理论家。本章将介绍更新的双胞胎研究数据，它们凭借新增的 DNA 鉴定，将基本的遗传学发现，提升到了以神经科学为焦点的新阶段。但我们不要忘记了，遗传学研究中的一些意外的实验结果，也突出了非遗传因素的作用。

2.4　数量遗传学发现也支持环境因素的影响

当包围着智力研究的空气依然恶劣，伯特的数据依然遭到攻击的时候，明尼苏达大学的托马斯·布沙尔教授（Thomas Bouchard）带领一个研究小组，开始了一项新计划，对分开抚养的双胞胎组成的大样本进行研究。最终，历经 21 年（1979～2000）的寻找，共有来自世界各地的 139 对双胞胎参与了这项研究。其中一些双胞胎从未与彼此联系过，直到他们在明尼苏达州团聚。在一周时间内，所有双胞胎都完成了精心设计的成套测验，时长总计约为 50 小时，所测验的项目包括智力、性格、态度、价值观和许多其他心理特征。

研究发现几种性格特征与遗传因素有关，比如外向。令人惊讶地是，连一些态度和价值观特征似乎也受遗传影响。然而，大多数分开抚养的同卵双胞胎的智力测验分数都很相近，相关系数为 0.70（Bouchard，1998，2009）。计算分开抚养的同卵双胞胎的相关系数，也是预测遗传性的一种方式，因此相关系数 0.70 表明，70% 的智力差异是遗传引起的，30% 不是。尽管这项大规模、精心设计的研究所得的结论并没有完全终结人们对遗传作用的怀疑，但是在它的影响下，很多怀疑伯特的研究、倾向于支持尚未被确定的环境因素的批评者开始缓和情绪。就像与精神分裂症有关的丹麦收养研究对精神病学的影响一样，明尼苏达大学的研究，使人们重新开始客观地关注遗传对智力的影响。

所有证明基因对智力有重要影响的双胞胎和收养研究，也都表明智力差异并不是 100% 由基因决定的。因此，遗传学研究的一个重要结果，就是证明了非遗传因素也与智力差异存在某些关系。在对当下的表观遗传学和基因与环境的互相作用产生兴趣之前，人们曾尝试将智力差异的责任分摊给遗传和非遗传的环境因素。最普遍的观点是各占 50%。然而，与这个比例问题有关的不同研究所得出的结论，表现出了很大的差异，这个差异在很大程度上是由一个有趣的因素引起的。这个因素是双胞胎接受测验的年龄（Haworth et al.，2010；McGue et al.，1993）。

以横断面数据为基础，在 4～6 岁的双胞胎中，预测的智力遗传性约为 40%，当双胞胎是成年人时，遗传性则上升到了 85% 左右。换句话说，遗传对智力差异的影响随着年龄的增长而**变大**，环境影响则随之变小。注意，横断面的意思是，不同双胞胎组合在不同时期参与不同研究。如果我们在不同时期对同一对双胞胎进行研究，我们得到的纵向研究数据还会呈现相同的趋势吗？答案是肯定的。荷兰的一项大型双胞胎研究（Posthuma et al.，2003b），让最初参与实验的双胞胎在不同年龄反复接受成套心理测验，以评估他们的一般智力。一般智力的遗传性预测情况为：5 岁 26%，7 岁 39%，10 岁 54%，12 岁 64%，从 18 岁开始，预测遗传性上升到 80% 以上。这种上升情况可能是由几个因素引起的，包括随着年龄增长，有更多基因的“开关”被打开了，或者基因和环境的相互作用。详细探讨遗传性预测和遗传模型并不是本书的意图，但建议你阅读亨特（Hunt，2011，chapter 8）的详细阐述。

接下来的重点，是概述为神经科学方法提供理论基础的遗传学研究。尽管如此，我仍然想探讨一些数据，来解释数量遗传学研究中关于非遗传因素的重要发现。截至目前，我论述环境因素时，都是将其视为一个单一的类目。一个常见的数量遗传模型将环境分成了两个类目：共享因素和非共享因素。共享环境的意思可以从字面判断。双胞胎和同胞兄弟姊妹都在一样的家庭里成长，住在同一个社区，上同一所学校。他们共享了很多可能对智力有影响的一般经历。个体也有许多独有经历，比如不同的朋友、不同的班级和老师。这些独有影响就是非共享环境。

在这样的模型中，遗传影响、共享和非共享环境因素加起来，对任何一种特征差异，比如人们的智力差异，作出 100% 的解释。通过对比一起和分开抚养的同卵双胞胎、异卵双胞胎和同胞兄弟姐妹的智力分数相似度，就能在统计上区分和预测每一个因素对智力差异的影响程度。这些群体之间的智力测验分数相关性的差异，被用来预测三种因素分别引起了多少差异（Plomin &

Petrill，1997）。尽管基本的三因素模型没把基因和环境的互相作用包括在内，但是它提供了重要的发现。

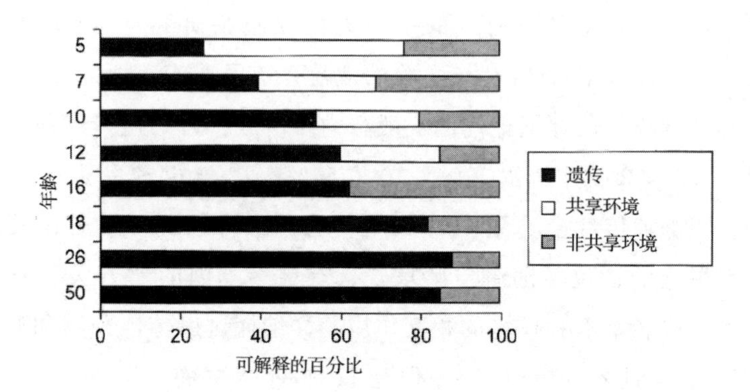

图 2.2　遗传、共享和非共享环境对不同年龄组智力差异的影响

（reprinted with permission from Hunt，2011，based on Posthuma et al.，2003b）。

我们来看前一小节末尾提到的，荷兰双胞胎研究提供的补充数据。图 2.2 显示了遗传、共享和非共享环境对不同年龄的人的智力分数的影响。条形中的白色部分代表共享环境的影响，灰色部分代表非共享环境的影响。共享环境的影响，即白色条形所占比例，在 5 岁达到峰值，之后持续下降，到 16 岁时已为 0。非共享环境，即灰色条形，总的来说在早年的影响力更大，但是一些非共享影响会一直持续到至少 50 岁。请注意，非共享影响的来源可能随着时间发生改变。

对这段关键的遗传学历史进行概括，一般智力的遗传性随着年龄增长，到青少年时期快结束时，大约为 80%，共享环境对智力的影响则更早地下降到 0。这些发现非常奇特，是所有心理学发现中最有影响力、最重要的。如果你坚信基因对智力而言无关紧要，那么要解释这些发现就很困难。人们因此重新思考，出于充分的理由，营造尽可能让人满意的童年家庭经历，是否对智力的发育有长期影响。然而，这些数据也表明，在不同成长阶段，共享和非共享环境都有不同程度的作用，尤其是在18岁以前。虽然它们的影响力不如我们以前认为的那么强大，但是它们清楚地表明，基因不是影响智力的唯一因素。所有遗传学研究者都知道，基因总是在某种环境下起作用，这种环境可能从很多方面影响基因的表达。关于非遗传影响的特定源头，目前还没有定论，就像影响智力的特定基因也还没有被找到，尽管学校教育等一般因素也产生了一些影响（Ceci，1991；Ceci & Williams，1997；Tommasi et al.，2015）。如前所述，一部分复杂性在于，人们常把社会经济地位（SES）等环境因素与影响智力的遗传因素相混淆，因为智力对收入和其他决定SES的因素有重要影响。专栏2.1对此进行了详细论述。

尽管如此，在21世纪的开端，数量遗传学的三大“定律”（Turkheimer，2000），反映了智力遗传论的优势：“第一定律：人类的所有特征都是可遗传的。第二定律：由相同家庭养育的作用小于基因的作用。第三定律：大量复杂的人类行为特征的变化，不是由基因或家庭的作用引起的。”在解释遗传和环境如何发挥作用的新挑战时，特克海默博士（Dr. Turkheimer）提出这三条定律。最近，普洛明和迪里（2015）提出他们的三大定律：所有特征都表明重要的遗传影响；没有哪种特征具有100%的遗传性；遗传性是由许多基因共同作用而决定的。本章不会详细探讨这些“定律”。我在此引用，是为了突出人们在思考基因对复杂特征的影响时观点的巨大转变。根据一项几乎包括了以往所有双胞胎和收养研究的、全面的元分析（Polderman et al.，2015），实际上，所有复杂特征的预测遗传性都很高。高度遗传性是智力的神经科学研究迅速发展的主要原因。

在整个智力水平范围内，影响智力的因素是否是一致的？在检验基因是否影响智力，而且基因如何影响智力的假说方面，有一个有趣的进展。一个重要的问题是，在智力测验分数的正态分布中，高智力与平均和偏低水平的智力所对应的遗传基础和环境因素对重要基因的影响是否是一样的。影响高智力的遗传和环境因素，与影响平均和偏低智力的遗传和环境因素，也许是不一样的。这种观点被称为非连续性假说（discontinuity hypothesis）。一个非连续性假说认为，与高智商相关的专门技能，更多地反映了源于经验的练习和动机的作用，而不是通过遗传得到的能力的作用。另一个非连续性假说是，影响高智力和平均智力的基因是不一样的。相反，连续性假说（continuity hypothesis）的观点是，相同的基因和环境因素影响着所有水平的智力。每一个因素的作用是相加的，所以高智力反映个体的相关基因和经验更多。

虽然不能对比高智商和平均智商群体的特定智力基因，但是双胞胎研究能通过对比两个群体间遗传、共享和非共享差异的比例来检验对立的假说。简而言之，非连续性假说预测，三部分差异的比例在高智力和平均智力群体中是不同的。其中一项大型测试，从 300 万名应征参加瑞典军队的 18 岁男性中，抽出了 9000 对双胞胎和 360000 名同胞兄弟作为样本（Shakeshaft et al., 2015）。所有样本都完成了一套认知测验，研究人员从中提取 g 因素，排名前 5% 的群体由高智商（预测智商高于 125）样本组成。

据报告，几项分析的结果都为连续性假说提供了强有力的证据，却没有任何证据支持环境或遗传方面的非连续性假说。几项分析的作者总结道：“用更有挑衅意味的话说，高智力似乎就像我们对它的定义一样，代表影响智力水平的相同遗传因素，在数量上达到极端，仅此而已。”（p. 130）他们还提醒，他们的统计功效（statistical power）不足以断定当高智商群体的定义更极端时群体间是否有差异，比如不是排名前5%，而是前0.25%时，即高尔顿（1869）对天才的划分。

另一项双胞胎研究检验了一个重要的问题，即g因素或组成g因素的特定认知领域是否主要是由基因决定的（Panizzon et al.，2014）。一项关于老化的纵向研究，运用了由越战时期的中年退伍军人（平均年龄55岁）组成的大样本，研究者们从这个大样本中找出346对同卵双胞胎和265对异卵双胞胎。每一个人都完成了10项认知测验，这些测验代表4个被广泛接受的基本认知领域（言语能力，工作记忆，空间旋转推理，信息加工速度）。其他几种替代因素分析模型中，各项测验和认知领域的关系，不是g位于顶端的层级关系（见第1章），研究者对比了不同模型对基因、共享环境和独有环境的影响程度的预测。与数据最相符的模型表明，与其他任何一个模型相比，层级模型中的g的遗传性更强（86%），更能说明遗传对特定认知领域的作用。尽管研究者们承认该研究的设计存在一些局限性，但是通过直接测验替代模型，得到的结果拓展并有力支持了之前关于g因素——作为不同心理能力的基础，和重要的共同遗传因素——的研究。

精心设计的新的双胞胎研究了提供了更多进展，这些研究不仅样本数量大，而且结合了DNA鉴定和神经影像，融合了数量遗传学和分子遗传学。我们将在第4章对这些研究进行评介，在此之前的下一章，我们会介绍神经影响。

专栏 2.1：社会阶级和智力

一项被广泛引用的研究表明，社会经济地位（SES）较高的家庭，与 SES 较低的家庭相比，智力的遗传性更强（Turkheimer et al.，2003）。但并不是所有研究都支持这个结论（Asbury et al.，2005；van der Sluis et al.，2008）。通常，人们会把 SES 与智力相混淆。一般情况下，高智力的人能找到薪水更高的工作，有更多钱为子女提供丰富的资源。他们之所以能获得更高的 SES，一定程度上，是因为智力直接或间接与其他因素（包括运气）一起发挥了作用。就基因传递智力的程度而言，我们很难判断排除遗传影响后，SES 对智力的影响有多大。这突出了判断基因与环境的相互作用的难度。最近，对 SES 和智力遗传性研究进行的一项元分析表明了 SES 和智力之间更复杂的相互作用（Bates et al.，2013），还有一些证据表明，SES、教育和一般智力受到相同基因的影响（Marioni et al.，2014）。

在这个背景下，一项对波兰在社会主义时期的社会阶级进行的有趣研究，以特别的方式，解决了这个问题。这是一项较早的研究，但是很有说服力（Firkowska et al.，1978）。研究报告写道：“华沙在‘第二次世界大战’末被夷为平地，又在社会主义政府的命令下进行重建，这个政府的政策是：住宅、学校和卫生设施的分配与社会阶级无关。1974 年 3 月到 6 月，出生于 1963 年、住在华沙的 14328 名儿童中，96% 的儿童接受了瑞文渐进矩阵测验及一项算术和词汇测验。研究者收集了与他们的家庭、学校和城区的特征有关的信息。父母的职业和教育被用于构建家庭因素，城区数据被分成两个因素，一个与社会边缘性（social marginality）有关，另一个与到市中心的距离有关。分析显示，家庭、学校和城区均匀分布的最初设想是合理的。心理表现与学校或城区因素无关。它与父母的职业和教育有关，这种相关性呈现明显的、有规律的梯度。研究得出的结论是，一项影响一代人的平等主义社会政策，没能推翻社会和家庭因素与认知发展之间的关系，这种关系体现了更传统的工业社会的特征。”参照本章的内容，遗传和 SES 因素的混淆，使我们对该结论进行另一番表述：社会政策对心理表现的任何影响，都没有超过遗传因素的影响。最近的研究中，明显出现了相同的混淆情况，这些研究告诉人们，认知和成就差距的基础是大脑差异，而引起大脑差异的，则是 SES，我们会在第 6 章详细探讨这一点。

2.5　分子遗传学与寻找智力基因

测量技术的进步推动了科学进步。寻找人类智力基因的研究始终不能取得实质进展，直到 DNA 技术发展到可以用比较经济的方法将双螺旋切成精准片段，并对数百万片段（最小单位中的碱基对）的特征进行统计。几十年来，小鼠繁殖实验提供了诱人的证据，表明学习走迷宫找奶酪的能力具有遗传基础。一些小鼠学得更快，当“聪明鼠”与其他聪明鼠进行交配，所产的后代能更快学会走迷宫。1999 年，基因工程首次被用于制造可以更迅速地学会走迷宫的聪明鼠（Tang et al.，1999）。研究者将这类小鼠命名为“杜奇鼠”（Doogie），与当时在播放的电视剧里的一个角色、一名医学院的天才少年同名。这一杰作（指老鼠，而不是电视剧）的基础是此前的大量动物研究，这些研究表明，一个突触受体，即 NMDA 受体与学习和记忆密切相关。研究发现，有一个基因（*NR2B*）在调节这个受体的部分功能。研究者将这个基因剪接到普通小鼠胚胎的 DNA 中，培育出来的杜奇鼠与对照组的实验鼠相比，能更快学会完成一系列任务。

所有神经递质和受体达成了复杂的平衡。在突触的世界里，某个要素过多或过少，都可能造成有害或致命的后果。因此，将动物研究的发现用到人类身上，需要投入大量耐心和警觉。我们还不知道，关于人体 NMDA 受体的基因操作是否能使学习和记忆能力出现相似的提高，而且没有严重的副作用。这个例子说明，找到与学习、记忆或智力有关的基因只是第一步，即使就动物研究而言，也是具有挑战性的一步。在大量神经生物学步骤中，要判断相关基因为什么以及如何起作用，就更加困难了。为了制造渴望的成果而进行基因操控，并不适合缺乏勇气或者冲动的人，也不适合短期投资者。尽管如此，杜奇鼠是一个很有吸引力的例子，它表明，每当面对强大的遗传基础时便诉诸决定论的情况很有可能发生改变。

脱离动物学习能力和记忆力研究，人类智力基因的寻找是从一个简单策略开始的。研究者采集了按智商分数区分的不同群体的 DNA 样本。每一个参加者的 DNA 被分裂成小片段，从而进行基因鉴定。专栏 2.2 介绍了 DNA 研究中的关键术语和方法。研究者对比了高智商和低智商组的 DNA 片段，将注意到的不同基因视为候选智力基因。这个策略无异于“在草堆里寻找一根针”，因为 DNA 片段和个体基因或碱基对的数量多达数百万，每一个个体耗费的成本非常高，而且各智商组除了智商以外，还有很多难以控制的差异。尽管如此，研究者仍然相信特定智力基因会被发现，尤其是全新 DNA 鉴定技术被开发出来之后。事实上，很多候选基因的鉴定所使用的是大量日益精进的数量遗传学技术。

尽管寻找智力基因的难度让人望而却步，世界各地仍然有很多研究团队在利用不同的策略寻找特定智力基因。日本的一项研究采用了一个有趣的策略，使用多种 DNA 鉴定技术，鉴定了 33 对智商不一致的同卵双胞胎的基因（Yu et al.，2012）。所谓不一致的意思是，一对双胞胎之间，至少有 15 分的智商差距（1 个标准差）。使用智商不一致的（一起抚养的）同卵双胞胎作为样本，即使数量较少，也能将无关的遗传和环境因素最小化，将找到与智力有关的显著基因表达差异，使这种可能性最大化，即使可能是表观遗传学影响造成的差异。多种 DNA 分析方法的运用，把使用同一样本的独立重复考虑在内。研究发现了几种基因表达差异可能反映了大脑机制的差异，这些机制可能与智力有关。研究发现说明了基因表达和控制的复杂性，这远远超出了本书的讨论范围，但这些发现证明，找到基因只是通向理解基因到底起了什么作用，以及它们如何影响或控制分子层面的神经生物现象和大脑功能的第一步。

即使是在寻找智力基因的初级阶段，研究数据也在两个重要方面表现出一致性。第一，没有哪一个候选基因能在很大程度上说明智力测验分数的差异。这一点让一些人感到失望，他们原来认为，大量差异都是由少数基因引起的——根据双胞胎研究的预测，智力的遗传性较强，考虑到这一点，他们没有说几乎所有差异都是由少数基因引起的。其他研究者意识到，这个发现反映了与智力密切相关的认知过程的复杂性，并且符合普洛明关于通才基因的预测，每一个这样的基因只引起极其细微的智力差异。这个观点得到的实证支持越来越多（Trzaskowski et al.，2013b）。第二个一致性要让人苦恼得多：早期鉴定出的候选基因，没有一个能在独立样本中重复。独立重复是取得科学进展的基础和绝对要求。最理想情况下，独立意味着，不同研究者和不同样本。早期存在激烈竞争，人们都想找到“那些”基因，杂志在发表文章时对独立重复不作要求，即使是同一个研究者和分离样本。

没有理由在这里列出所有早期候选基因，以及后续重复鉴定这些基因的失败。尽管 DNA 技术和基因组信息统计分析的准确性和成本效益在进步，令人失望的形势仍然持续了 20 年左右。一个关键问题是，大多数样本的样本量都较小，缺少统计效力，不能重复一个基因可能对智力产生的任何细微影响。直到 2012 年，查布里斯（Chabris）和他的同事们才用一篇全面的论文对智力基因研究进行了总结，这篇论文的题目是“研究发现的大多数一般智力遗传关联可能都是假阳性结果”（换句话说，是错误结果）。该研究团队尝试重复已发表研究报告中公布的 12 个候选智力基因。他们有总量超过 6 000 人的三个独立样本，这些人都完成了 DNA 分析和智力测验。分析结果毫无疑问是阴性的。稳健的统计表明，12 个候选基因中，没有一个与智力相关。通过使用统计效力充足的大样本，来寻找任何可能存在的细微作用，虽然重复智力基因以失败告终，但是重复与阿尔茨海默病和体重有关的控制候选基因的研究取得成功，弥补了这一失败。研究者没有因为没能重复智力基因灰心，他们总结道，如果每一个基因对智力差异的影响比先前估计得更小，那么要寻找和重复多个智力基因，就可能需要更大的样本。他们鼓励寻找智力基因的人加入多中心联盟，从而获得成千上万人的样本量（Chabris et al.，2012）。

专栏 2.2：基础遗传概念（也可见“术语表”）

分子遗传学使用的 DNA 分析技术和方法，是多种多样的、复杂的，而且在迅速进步（Mardis，2008）。进步的重点在于，成本降低、准确性提高、分析范围扩大。如今有很多使用 DNA 分析的智力研究。本章总结的代表性研究涉及一些重要术语。基因是遗传单位。据估计，人类基因组 23 对染色体（一半来自父亲，一半来自母亲）上，分布着 19 000 ~22 000 个基因，大多数仍待鉴定。基因组学（genomics）是指使用多种不同方法绘制基因组。每个人都有独特的基因组，尽管大部分基因序列对于所有人来说都是一样的。染色体由双链 DNA 分子组成，即所谓的双螺旋。在繁殖过程中，后代随机继承来自父母的双链 DNA。双链 DNA 分子都由四种碱基配对构成，分别是：腺嘌呤（A），鸟嘌呤（G），胞嘧啶（C），胸腺嘧啶（T）。这四种碱基相互匹配成碱基对，像梯子上的横档一样，连接双螺旋结构中的两条主链。碱基对里的每一个碱基，都遗传自父亲或母亲。在每一根“横档”上，A 和 T 配对，G 和 C 配对。

据估计，人类基因组中有 30 亿“碱基对”（也称核苷酸）。一条 DNA 链的碱基对顺序是遗传密码。人类的遗传密码几乎完全相同，个体间的所有差异都源自相对较少的遗传变异。基因创造构成数千种蛋白质的氨基酸，蛋白质是生命的基础，决定一个生物体在细胞层面上如何发展和运转。从氨基酸创造到蛋白质合成的过程被称为基因表达。RNA 与 DNA 相似，但是 RNA 的根本作用，是将 DNA 密码翻译成氨基酸和蛋白质。基因可以是活跃的，也可以是不活跃的。在一个人的发育和整个人生过程中，基因处于表达或不表达的状态。基因的表达在一定程度上受甲基化（methylation）调控，甲基化是能被非遗传因素影响的神经生物机制之一，这些因素包括饮食、疾病和压力（Jaenisch & Bird，2003）。甲基化过程与正常和异常细胞发育的许多方面密切相关。特别有趣的是，甲基化能使碱基对中 A 和 C 的细胞结构发生变化。这些变化会改变一些人类基因的表达（Wagner et al.，2014），重要的是，被修饰的基因有被遗传的可能性。表观遗传学是研究非遗传因素如何修饰基因表达的科学。

DNA 测序（DNA sequencing）能确定所有碱基对的准确物理顺序。基因是由碱基对组成的首尾相接的片段，尽管一个基因结束、另一个基因开始的地方并不总是明确的。因为父母的碱基对各遗传了一半，所以基因可以有不同形式。一个基因的形式，被称为等位基因（allele）。例如，一个控制下巴上的皱纹的假定基因（hypothetical gene），可以被表达为 WW，和没有皱纹的 ww。父母各提供一个 W 或一个 w，所以等位基因可以是 WW，Ww，wW 或者 ww。遗传得到的一基因对，决定后代是否有皱纹。

一个基因在一条染色体上占据的位置，被称为一个基因座（locus）。数量性状基因座（quantitative trait locus）是与智力等性状有关的 DNA 所在的区域。一个基因座上经常出现一个基因的重复拷贝，有时候，拷贝数量可能与正常或异常的蛋白质功能相关。一般情况下，DNA 分析是运用多种技术中的任一种将 DNA 分子链切割成片段。其中一项技术性突破，使研究者能确定一条链上任何一个位置的 DNA 序列的细小变化，即碱基对被改变或发生了变异。这些变异被称为单核苷酸多态性（SNP）。例如，某个基因座上的序列通常是 GTCGAATTGGAATTGG，但有时候，在有些个体的这个基因座上，第一个 T 可能是 C。这个的一般序列的变化就是一个 SNP。大多数 SNP 都是非功能性的，但一部分与疾病有关，还可能与智力这样的性状有关。据估计，一个人的 DNA 中，大约有 300 万个 SNP。通过对比两个群体的 SNP，比如高智商群体和低智商群体，也许能找到引起群体差异的 DNA 片段，也可能是个体基因。现在的技术能进行个人全基因组测序，能在全基因组关联研究（GWAS）中找出所有 SNP。这样的研究产生了庞大的数据集，为了分类整理所有可能有利于实现终极目标——找出与疾病、医疗状况和各种遗传性状有关的特定基因——的数据，基因组信息学（genomic informatics）领域找到了新的统计方法。现在，生物信息学（bioinformatics）领域正在尝试用云计算（cloud computing）积累、分配和分析由 DNA 分析获得的遗传信息大数据。

蛋白质组学（proteomics）是研究蛋白质及其作用

的学科。如今，研究者可以同时测验基因表达的数千种蛋白质及其变化，通常使用较小的 DNA 微阵列样本和不同的反应剂。总的来说，一直在进步的分子遗传学技术和方法，提供了详细的神经生物学和神经化学评估，深入到神经元、突触和大脑功能及结构发育。尽管 DNA 数据十分复杂和庞大，但是在我看来，DNA 技术限定了在这个层面上理解智力的难度。事实上，考虑到第 1 章提到心理测量问题，在行为层面上增加对智力的理解，可能要比从分子层面上理解更有难度。

2.6 近期值得关注的 7 项分子遗传学研究进展

在一份由 59 位研究者合著的报告中，组成研究联盟方案的优点得到了细致的阐述，这些研究者致力于收集来自世界各地的数据（Rietveld et al. , 2014）。实际上，这项研究是两个联盟共同开展的，它们是社会科学遗传协会联盟（Social Science Genetic Association Consortium，SSGAC）和童年智力联盟（Childhood Intelligence Consortium，CHIC）。研究者采用简单巧妙的两阶段法，以一个 106 736 人组成的样本开始，以 24 189 人组成的独立样本的见解重复结束。在第一个样本中，研究者估计每个人的 DNA 中有数百万个 SNP（见专栏 2.2），其中 69 个与教育成就水平（多年教育）有关。教育水平与智力紧密相关。在第二个样本中，研究者检测了这 69 个 SNP，寻找它们和源自认知测验分数的 g 分数之间可能存在的任何联系。尽管不是每一个人都完成了相同的测验，但如果成套测验和样本具有充足的多样性，不同成套测验的 g 分数之间相关性很高（系数甚至超过 0.95）(John son et al. ，2008b)。几项先进的统计分析揭晓了 4 个有趣的基因，它们很可能与极小的认知表现差异有关。有趣的是，这些基因（KNCMA1，NRXN1，POU2F3，SCRT；给基因命名不是由我负责的）会神经递质谷氨酸盐的一条传导通路，该通路与大脑可塑性、学习和记忆有关。该通路涉及 NMDA 受体、谷氨酸盐与受体的结合，以及突触的改变。尽管这些基因只与少量智力差异有关，这个研究仍然证明了一个统计学现实：为了找到基因的小影响，大样本是必需的。这些发现还给出了与一些分子机制有关的提示，这些分子机制可能与智力有关，这可以为重要的神经生物学领域的假说奠定基础。

大约在同一时期，另一项研究（Hill et al. ，2014）以 3 511 人为样本，使用全基因组分析，通过在汇集起来的功能相关的基因网络里，寻找与认知能力有关的基因，研究了 1 461 个基因对智力产生的较小影响。研究者首先提出了一个特定假设，其焦点是与突触后功能（post-synaptic functioning）有关的基因。使用独立样本重复检测后，研究者发现，与 NMDA 受体有关的蛋白质与流体智力有特定关系。其他方面的突触后功能与其他任何一种认知能力的变化都没有关系。里特韦尔等人（Rietveld et al. ）的研究，也给出了关于 NMDA 的暗示，但是这些突触后发现将特定蛋白质的遗传变异，与流体智力的个体差异联系了起来。关键蛋白质是鸟苷酸激酶（guanylate kinase，MAGUK），它对于将神经元动作电位（neuronal action potential）转化为生物信号来说至关重要，生物信号是大脑进行信息加工的基础。这项研究提供了更多关于智力的神经生物学提示。

里特韦尔等人的研究是在一个非常大的范围内使用非理论的

鸟枪法（shotgun approach）；希尔等人（Hill et al.）的研究是以功能相关基因网络为焦点；还有一个研究团队则使用不同策略集中研究一个特定基因，以及发生创伤性脑损伤（TBI）后，这个基因对智力的影响（Barbey et al.，2014）。有一种神经化学物质叫作脑源性神经营养因子（BDNF），对状态良好的突触的生长发育起到促进和调节的作用。对于身体健康的人来说，BDNF 与认知功能相关，对记忆以及阿尔茨海默病和其他脑部疾病涉及的认知障碍的影响尤其大。TBI 痊愈后，促进前额皮层神经元再生的神经修复机制还涉及 Val66Met，一个与 BDNF 有关的基因。BDNF 是否与智力有关？额叶受创后，一些病人在需要 g 的任务中，表现出持续的 g 因素的欠缺，相反，其他病人则能维持正常表现。BDNF 的遗传基础是 Val66Met 多态性，它有两种主要变异，Val/Met 和 Val/Val。这个研究要回答的问题是，这两种变异是否与 TBI 发生后的智力维持现象有关。

不幸的是，TBI 病例非常多。很多患者在退伍军人管理局（Veteran Administration）的医院里接受治疗。该项研究的参与者来自一个由 171 名男性退伍军人组成群体，他们都在越南战争期间遭受头部贯穿伤。CT 扫描结果确认，这些个体中有 151 人的大脑损伤位置在额叶。每位参与者都完成了 WAIS 智力量表第三版中的 14 个子量表，此外，在入伍时、TBI 发生前，他们都完成了一套武装部队资格测验（AFQT）。两项测验都可以对 g 因素分数和其他子因素进行预测。以基因分型（genotyping）为基础，参与者被分为两组：Val/Met（n =59）组和 Val/Val（n = 97）组。研究者运用复杂的心理测量分析，对比了两组参与者的智力因素分数。

分析结果形成鲜明的对比。从 AFQT 中提取的分数没有表现出两组参与者的差异，也就是说，在TBI发生之前，这些退伍军人的基因型（Val/Met或Val/Val）对一般认知能力没有影响。然而，TBI发生后，两组参与者的分数出现了很大差异。Val/Val组g因素、言语理解、知觉组织、工作记忆和信息加工速度的分数普遍降低。两次测验的平均分差接近半个标准差，相对来说较大。研究报告的作者总结，Val/Val基因型与TBI的认知易感性（cognitive susceptibility）相关，相反，Val/Met基因型可能有助于在TBI发生后维持个体的认知功能。这些结果也许能让研究者找到效果更好的认知修复策略，尽管目前还缺乏这样的研究。研究结果还把BDNF基因的变异与智力联系了起来，证明我们距离找到影响智力的特定基因变异又近了一步。这类数据有助于研究者建立假说，研究分子层面一步步接连发生的神经化学事件，从BDNF表达的遗传基础出发，解释一小部分智力个体差异。这之间似乎涉及许多步骤，以及BDNF与其他遗传因素和生物因素进行的多重的、复杂的相互作用，其中一些可能属于表观遗传学的范畴。而且，BDNF可能只是许多相关因素中的一个。

第4项研究用另一种方式证明了研究进展（Davis et al.，2015）。研究者们也只关注一个分子因素，即名为DUF1220的蛋白质，它与大脑的尺寸和进化有关。DUF1220有两个主要亚型，CON1和CON2。个体DNA中，许多基因序列有多个拷贝，拷贝的数量可能与疾病和其他性状有关。在该项研究中，CON2的拷贝数与智商分数不仅相关，而且是线性相关。也就是说，CON2的拷贝数越多，智商分数就越高。MRI测量的大脑尺寸也与智商分数相关，尤其是两侧颞叶皮层的表面积；右额叶面积与CON1和CON2的增加量有关。这些发现来自一个由600名北美年轻人组成的样本，并在一个更小的样本中重复，这个样本由住在新西兰的 75 个人组成。虽然与前面介绍几项研究相比，两个样本都很小，但是 CON2 拷贝与智商的线性相关非常有吸引力，一个特别重要的原因是，这个相关性在 6～11 岁的男性中间是最强的。如研究者所言，我们有理由谨慎看待这个发现，现在接受还为时过早。尽管如此，它仍然是特定遗传因素**先验**假设推动智力基因研究的又一个例子。

第 5 项研究来自童年智力联盟。研究报告公布了一项受试者年龄 6～18 岁的 WAIS 智力测验，总人数为 12441 的实验组（discovery cohort），以及总人数为 5548 的重复组（replication cohort）（Benyamin et al.，2014）。在 3 个最大的实验组中，没有一个 SNP 单独与智力相关，但是常见 SNP 的共同作用引起了 22%～46%的智力差异。FNBP1L 基因与智力有关，在三个独立重复组中，引起了一小部分差异（分别为 1.2%，3.5%，0.5%）。尽管样本量很大，研究者仍然表示，为了找出具有全基因组意义的个体 SNP，或许还需要更大的样本。

第 6 项研究来自另一个多站点联盟（关于心脏和老化的基因组流行病学研究群体，Cohorts for Heart and Aging Research in Genomic Epidemiology，CHARGE），一共有 31 个样本（N = 53 949）。他们公布了一项元分析，其基础是一项中年和老年成人的 GWAS，这些人都完成了一套认知测验，包括 4 项分测验（Davies et al.，2015）。截至当时为止，这是样本量最大的一般认知能力研究。在所有样本中，研究者发现了 13 个与一般认知能力有关的 SNP，在两个最大的样本中，它们分别引起了 29% 和 28%的差异。与这些 SNP 相关的基因组区域有 3 个，特别值得注意的是 HMGN1 区域。之前发现的四个与阿尔茨海默病有关的基因（TOMM40，APOE，ABCG1，MEF2C），也与一般认知能力有关。与遗传的多基因性模型一致，这些基因单独引起的差异很小。这项研究的研究者也表示，找到更多全基因组联系需要更大的样本。现在还没有人知道究竟有多少基因对智力变化有影响，但多中心协作让我们向答案迈进了一大步。事实上，就在本书进入制作环节后，一项详尽的合作性研究发现了两个基因网络（一个包含 1148 个基因，另一个包含 150 个基因），都与一般认知有关（Johnson et al.，2016）。其中许多基因都与特定突触功能有关，控制这些功能可能会对智力产生影响。本书没有足够的篇幅来对这项里程碑式的研究进行详细阐述，但寻找智力基因的努力已经再次取得重要进展。

第 7 项激动人心的进展来自中国。我认为，这也是一项具有里程碑意义的研究。研究报告公布了一条宽广的系统生物学途径（systems biology）（Zhao et al.，2014），目的在于阐明复杂的调控和相互作用及其与背后机制相关的假设。查布里斯和他的同事没能重复先前研究中的 12 个候选基因，该项研究却选择了 158 个曾经被发现与智商分数相关的基因。研究者绘出了这些基因在染色体上的位置，发现其中一些集中在 7 号染色体和 X 染色体上。过去的研究已经发现，这些基因中，许多都与多个神经机制和神经通路有关。使用一种网络分析，“智商相关通路”得以建立。这些通路主要涉及多巴胺和去甲肾上腺素，两种与大脑功能密切相关的神经递质。这项分析的细节远远超出本章的意图，但研究报告说明了分子遗传学如何产生可验证的假说，如何研究与智力相关的特定神经机制，以及这些机制如何被药物或其他手段调整。这样的研究让我更加乐观地认为，智力的遗传基础不是转向决定论和不可变性的逃避。相反，一旦理解了智力的遗传基础，我们将会获得了不起的能力，凭此治疗或预防那些导致智商偏低的脑部疾病，实现提高各个水平智商的梦想，第 5 章会阐述相关内容。

诸如以上 7 项研究（加上约翰逊等人的研究，Johnson et al.），决定了本章不再继续谈论以前（少数当下）关于基因对智力来说是否重要。虽然基因的全部作用还未被揭晓，但是已经有大量证据表明，智力涉及重要的遗传因素。从来没有人认为，从分子层面上理解智力会是一件简单的事，但是此处介绍的研究及其复杂分析，证明了这一艰巨任务并非不可能完成。

最后要注意，遗传学研究的开展是复杂而昂贵的，尤其是涉及大样本的时候。例如，仅一台 DNA 测序仪器的价格就高达 100 万 ~200 万美元。据报道，2012 年，中国一个行为遗传学研究所有 128 台这样的仪器，此外还配备了超级计算机（super computer）。寻找智力基因是优先等级很高的任务。在这个研究所里工作的科学家和技术人员超过 4 000 人，它的墙上贴着一幅宣传海报，写着“基因打造未来”。想象一下探寻智力基因及其作用的竞争。在 20 世纪末，普洛明（1999）说：“对科学乃至社会最深远的影响，将来自负责 g 的遗传性的基因……”一方面，中国在寻找智力基因的事业上进行了大量投资；另一方面，美国国会的大多数成员显然并不接受进化。真的。

本章介绍的所有研究都在说明，如何运用数量遗传学研究策略和复杂的 DNA 分析技术，建立智力遗传基础、寻找特定基因及其作用。当前在世界范围内，有数个研究联盟在为这个目的努力，它们添加了第三套方法，即定量的神经影像学，来测量大脑的结构和功能。三种研究的结合，以影响智力相关大脑特征的基因为目标。我认为，这些研究意味着，寻找智力基因及其作用的任务进入了一个新阶段。我们会在第 4 章介绍这些令人激动的发现。但首先，为了了解以大脑为目标、使用双胞胎方案的最新 DNA 研究的全面影响，我们要在下一章介绍第 3 种方法，神经影像学。

本章小结

- 西里尔·伯特爵士和亚瑟·金森教授，是早期支持遗传对智力有重要影响的人，但他们的观点遭到了攻击和广泛的否认。
- 现代数量遗传学研究提供了大量证据，支持基因对智力测验分数上的个体差异的重要影响。
- 同样的研究表明，环境因素对童年早期产生影响，尤其是非共享因素，但是在青少年早期结束时，其影响力几乎完全丧失。
- 根据关于强化补偿教育（后更名为“童年早期教育”）的现代研究的证据权重，仍然没有发现该教育方案对智力分数的长期影响。
- 寻找特定智力基因方面的进展缓慢而令人失望，得出的结论是许多基因都与智力相关，每一个基因只起到很小的作用。
- 先进的 DNA 技术被运用到分子遗传学研究中，开始检测智力相关基因，以及它们在神经生物层面的作用。

问题回顾

1. 行为的遗传学解释为何如此具有争议性？
2. 金森的 1969 论文的直接和长远影响是什么？
3. 关于基因对智力差异的影响，最有力的数量遗传学研究证据是什么？
4. 遗传和环境因素对智力差异的影响（或相对贡献），如何随着个体的成长而改变？

5. 为什么智力更有可能与很多作用较小的基因有关？
6. 某项具体的分子遗传学研究，提供了与智力有关的最新发现，这样的例子有哪些？

拓展阅读

Human Intelligence(Hunt,2011). This is a thorough textbook that covers all aspects of intelligence written by a pioneer of intelligence research. Chapter 8 has an excellent discussion of heritability estimation and other genetic issues.

The Blank Slate: The Modern Denial of Human Nature (Pinker, 2002). This is a comprehensive look at nature versus nurture issues from many perspectives. The argument is decidedly made in favor of nature.

How Much Can We Boost IQ and Scholastic Achievement (Jensen, 1969). This is possibly the most infamous paper in psychology and is the basis for most modern intelligence research.

Cyril Burt: Fraud or Framed? (Mackintosh,1995). This is a collection of essays on all sides of the Burt controversy.

The IQ Controversy, the Media and Public Policy (Snyderman and Rothman,1988). Based on survey data, this is a controversial book that argues that liberal bias systematically distorted the reporting of Jensen's work and other genetic research on intelligence.

Intelligence, Race, And Genetics: Conversations With Arthur R. Jensen (Jensen & Miele, 2002). This book offers an update of

Jensen's views by Jensen himself in his own words.

Nature via Nurture: Genes, Experience and What Makes Us Human (Ridley, 2003). Written for the public, this book clearly explains the concepts and techniques of behavioral genetics. Although published an eon ago in terms of scientific advancement, you can see the case for genetic influences on intelligence is not new. This chapter updates his case with even stronger evidence.

第3章　窥视活跃的大脑：神经影像学改变智力研究规则

大脑是一个黑盒子——我们不能看透它，必须忽视它。

（通常认为是 B. F. Skinner 在 1950 年代所说）

……如果弗洛伊德仍然在世，他会用他的沙发交换一次 MRI 检查……

（Richard Haier，video lecture #9，The Intelligent Brain，2013）

学习目标

- 神经影像技术如何超越心理测量法，推动人类智力研究的发展？
- PET 和 MRI 的基本技术有何不同？
- 早期 PET 智力研究的意外发现是什么？
- 影像研究是否表明大脑中存在一个“智力中心”？
- PEIT 智力模型包括哪些脑区？

概　述

此后两章将评论智力的脑成像研究。本章的目的，是从某种个人历史视角，分析 1988 年到 2006 年的早期研究，我将这一个时期称为运用现代脑成像技术进行智力研究的第一阶段。该阶段开始于 1988 年发表的第一项正电子发射断层成像（positron emission tomography，PET）智力研究，结束于 2007 年发表的一篇关于相关文献的评论。这期间的 37 项研究公布了多个出人意料的研究结果，并为当下的影像智力研究明确了方向。本章大致按照研究发表的先后顺序叙述，呈现早期研究是如何展开的，包括我的研究。这个角度可以帮助学生们理解，研究者如何根据一组发现提出新的问题，从而推动研究发展。关于主要成像技术如何起作用，本章也会进行简单介绍。在下一章（第 4 章），我们会回顾后续更复杂的阶段，探讨世界范围内的脑成像智力研究。智力研究原来基本上是心理测量研究（见第 1 章），如今发展成为神经科学研究，脑成像技术功不可没。脑成像是智力研究领域的关键性发展，也是我们要用两个章节来介绍的原因。

第 2 章介绍的数量遗传学研究，提供了智力在生物因素方面的理论依据，在高效的神经影像技术开始投入使用时，为神经科学奠定了基础。1980 年代早期，在神经影像技术被采用之前，大脑研究者只能测量学业、尿液和脊髓液中的脑化学物的副产物。脑电图学（electroencephalography，EEG）和诱发电位（evoked potential，EP）研究可以测量每一毫秒的大脑活动，但是电信号被头皮和低空间分辨率扭曲等技术问题，限制了数据的范围和解释。今天，大多数以 EEG 为基础的技术，都比以前更先进，包含绘制皮层活动的方法（见第 4 章）。脑部损伤患者研究和尸体解剖研究的推论，在大脑与智力的关系方面只获得有限的成功。例如，一些脑部损伤患者研究推断，额叶是智力中心（Duncan et al.，1995），根据新的损伤研究（见第 4 章），我们现在知道，这是一个过于简单化的结论。其他关于智力的教材，总结了早期的间接研究及其初步发现。（Hunt，2011；Mackintosh，2011）

3.1 首项 PET 研究

在 1980 年代早期，PET 改变了智力研究。此时，离磁共振成像（magnetic resonance imaging，MRI，本章会介绍）普及还有 20 年，PET 技术使研究者能看到活人大脑的内部情况，关于在心理活动过程中，哪些脑区相对来说更活跃或不活跃，研究者可以进行分辨率相对较高的测量。这项技术与 X 线技术大不相同，后者在更早之前便得到广泛运用，CAT 扫描也包括在内。X 线能穿透头部，照出脑组织结构，但就大脑活动而言，它们是静止的。一个人不管是醒着、睡着了、在心算还是已死亡，其 CAT 扫描图像看起来都是一样的。因为大脑是软组织，所有 X 线能轻易穿透，大脑的图像不是非常详细。相反，PET 能将大脑活动量作为葡萄糖代谢、血液流动的活动进行量化，有时候还能量化神经递质的活动。当一个人在执行认知任务时，对其注射放射性示踪剂（radioactive tracer），最活跃的脑区吸收的示踪剂最多。医用辐射剂量被限制在一定范围内。随后的 PET 扫描能检测放射性，使用数学模型可以建立图像，展示脑区放射量变化与积聚的空间位置。

例如，正电子发射型同位素氟-18（fluorine[18]），能标记一种叫作氟代脱氧葡萄糖（fluorodeoxyglucose，FDG）的特殊葡萄糖。因为葡萄糖作为一种糖，是大脑的能量来源，所以越活跃的脑区，吸收的放射性葡萄糖越多，并且在代谢上，这些物质会固定在该区域，在此积聚的正电子也越多。正电子与电子相撞，后者天然地大量存在于任何地方，每一次相撞都会以两束 γ 射线的形式释放能量，夹角通常为 180°。180°角是一个物理现象，FDG

示踪剂会释放数百万束 γ 射线。PET 扫描仪里安装了一圈或更多 γ 射线探测器，当头部被置于仪器当中时，根据探测到的一束 γ 射线，以及同一时间捕捉到的另一束方向相反的 γ 射线，大脑中产生 γ 射线的位置就会通过数学模型被重现。在连接这两个同时发生的事件的直线上，一个正电子消失了。同时探测到数百万个这样的事件后，正电子积聚的空间位置得以确定，释放最多 γ 射线的区域被量化。注入 FDG 后，这些区域是最活跃的，根据使用示踪剂期间心理活动的变化，这些区域的激活模式也会不同。如果大脑吸收 FDG 示踪剂用了 32 分钟，就意味着，扫描显示的是大脑活动在 32 分钟内的总变化，因此，以 FDG 作为示踪剂，PET 扫描的时间分辨率非常低。你看不到每一秒钟的大脑活动变化。但是，放射性氧元素（radioactive oxygen）可以代替葡萄糖，用于 PET 扫描，形成几分钟内的血流情况图像。其他以 MRI 为基础的成像技术，时间分辨率约为 1～2 秒，更先进的技术，比如脑磁图（magneto-encephalogram，MEG）技术，能展现每一毫秒的变化。与 PET 相比，MRI 和 MEG 技术的侵入性要小得多（没有注射或放射性），我们会在适当的时候详细说明，因为 MEG 技术已经被用于智力研究。

PET 的一个优点在于，注射示踪剂后，通过定期测量血液中的放射性衰变，可以计算出葡萄糖代谢率（glucose metabolic rate，GMR）。PET 影像显示个体执行认知任务期间 GMR 的量化图。氟-18 的物理性质，给了放射性葡萄糖 110 分钟的半衰期，因此 PET 研究的组织工作非常有难度。步骤包括，在回旋加速器（cyclotron）中制造氟-18；在邻近的热室（hot lab）中将氟-18 连接到葡萄糖上；在个体执行时长约 32 分钟的认知任务时，向其注射 FDG 化合物，进行 45～60 分钟的扫描，捕捉同一时间产生的数百万束γ射线（葡萄糖在代谢上是固定的，所以扫描发生在任务完成之后，而影像显示的是任务中的葡萄糖摄入情况）。PET扫描的成本也很高，通常每次扫描的花费约为2 500美元。用其他同位素制作的示踪剂，可以展现血流情况和一些神经递质的活动。PET影像覆盖整个大脑的切片。颜色编码显示葡萄糖的活动率。同一个人的PET成像，会根据这个人所处状态的变化而不同，是醒着或是睡眠，或是在执行什么认知任务，比如解决瑞文测验中的问题，第1章介绍过，这是一项考查抽象推理能力的测验。

1980年代早期，我在美国国家精神卫生研究所（NIMH）的内部研究项目部（Intramural Research Program）工作时，首次了解PET成像技术，并意识到了智力研究的潜能。然而，在NIMH收到第一台PET扫描仪之前，我就离开研究所去了布朗大学（Brown University），在那里（用一台让人得意的Apple Ⅱ Plus）绘制落后的大脑活动脑电图和诱发电位，将其与瑞文测验的分数联系起来（Haier et al.，1983）。当我在NIMH的前同事蒙特·布克斯鲍姆（Monte Buchsbaum）转移到加利福尼亚大学欧文分校（UCI），并获取了一台PET扫描仪时，我得到与他共事的机会，搬去了加利福尼亚。在1980年代早期，第一批PET研究中，大多数都与精神分裂症和其他精神疾病有关。用于心理学研究的PET扫描很少见。1987年，我开始负责第一个研究项目，作为筹款成功的回报，我们提供了8次免费扫描，也就是此次研究的唯一基础。（关于扫描的政治观点也很严厉，至今仍是如此。）我用这8次扫描，提出了一个简单的问题：智力在大脑里的哪个地方？

1988年，我们发表了第一项智力PET研究（Haier et al.，

1988）。我们让8位志愿者接受瑞文高级渐进矩阵（RAPM）测验，测验包含36道题目。为了突出大学生样本的差异，避免限制范围的问题，有一些测验题目非常难。别忘了，瑞文测验是关于抽象推理的非言语测验，抽象推理是最能预测g因素的能力之一。当每个参加者都完成了一套共12道练习题目，并开始解决测验中的36道题目时，我们给他们注射了放射性葡萄糖，以标记个体解决问题过程中最活跃的脑区。测验进行了32分钟之后，我们将个体安置到PET扫描仪当中，将他们的大脑扫描成像，与对照组个体对比，看哪些脑区的活性上升了，对照组个体只做了不需要问题解决能力的简单注意力测试。

我们做了典型分析（typical analysis），对比了RAPM组和注意力测验组的GMR，从统计数据来看，分布在大脑皮层的多个区域都显示出差异。我们又前进了一步，虽然不具有代表性，但是从个体差异的角度看，是符合逻辑的。RAPM分数有一个分布范围，因此，我们统计了每一个出现差异的脑区的GMR与测验分数之间的相关性。相关性很明显，但让我们意外的是，相关系数都为负。换句话说，测验分数最高的人，出现差异的脑区的活性是最低的。图3.1展示了这一反相关。

右边的两幅图，是一个RAPM受试者的大脑，左边两幅图，是另一个RAPM受试者的大脑。这是透过大脑顶端和中心扫描的水平（或轴向）切片。所有图像都按照相同的色度（color scale）显示葡萄糖代谢的颜色，因此很好对比。红色和黄色代表最高活性，蓝色和黑色代表最低活性。左边两幅切片显示的活动，都比右边的（图像顶端是大脑前部）多得多。然而，左边这个大脑十分活跃的个体，在RAPM测验中得了最低分，11分；右边的个体得到了最高分，33分。没人预料到这个结果。看起来似乎弄反了。伴随更多大脑活动的，是更差的表现，这意味着什么？

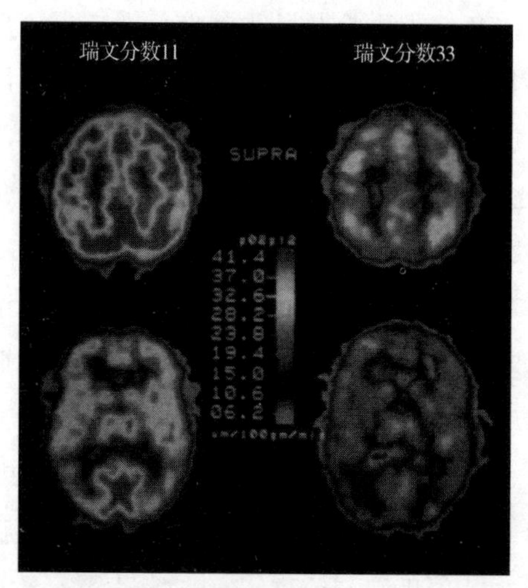

图 3.1　采用 PET 技术测量的瑞文测验期间的大脑活动

亮色代表最强活性，以葡萄糖代谢率为单位。测验分数最高的个体（右侧图像），测验中大脑活性较低，与关于智力大脑效率的理论一致。(Courtesy Richard Haier)。

3.2　大脑效率

当时，这个与预料相反的结果让我们认为，决定你聪明与否的，不是大脑的努力程度，而是大脑的效率。在这个结果的基础上，我们提出了智力的大脑效率假说：更高智力要求更少的大脑工作量。几乎同一时间，另一个研究团队发表了研究报告，公布了多个皮层区域的 GMR 与一项言语流畅性测验的分数之间的反相关关系，这是另一项高 g 负荷量的测验。(Parks et al.，1988)

他们扫描了 16 名言语流畅性测验受试者的大脑。测验中，与另外 35 名对照组个体的静息态扫描结果对比，言语流畅性测验组的 GMR 上升了。额叶区、颞叶区、顶叶区的 GMR，和言语流畅性测验分数之前的相关系数为负。类似地，第 3 个研究团队（Boivin et al. , 1992）扫描了 33 名成人做语言流畅性测验时的大脑。他们发现，皮层各区域 GMR 与测验分数之间的相关系数，有正有负。负相关出现在（左右）额叶区域，正相关出现在颞叶区域，尤其是左半球。他们的参与者年龄跨度较大（21 ~ 71 岁），并且有男有女，但从统计数据上看，去掉年龄和智商差异，对结果几乎没有任何明显影响（尽管研究报告中没有性别特异性分析）。需要注意的是，以今天的影像分析标准来看，这些研究确定皮层区域的方法都已经落后了。尽管如此，认知活动中出现的负相关是出乎预料的，对于很多认知心理学家来说，是难以置信的。

继意外发现之后，许多研究者开始尝试理解大脑效率与智力之间究竟是什么关系。第 4 章详细介绍近期研究时，我们会继续探讨效率概念，这些研究表明，这个概念仍然有被证实的可能。接着说 1988 年，当时我们开始思考，学习作为智力的重要因素，如何让大脑变得更有效率。当你学会做一件事的时候，你的大脑不是变得更有效率了吗？以学开车为例，你现在可以一边驾车一边聊天，这是你头一天学车的时候做不到的，那时候你在一片空旷的停车场上，所有精力都集中在让车子前后移动。

我们决定开展关于学习的 PET 研究，于是求助于“俄罗斯方块”（Tetris），它当时是新出的电脑游戏，现在已经历史上最受欢迎的游戏之一了。我们在另外 8 名志愿者玩俄罗斯方块之前和之后的 50 天，先后扫描了他们的大脑（Haier et al. , 1992b）。

志愿者都是大学生，他们用的是我办公室里的电脑，因为在1990年代早期，几乎没有人拥有家用电脑。因为PET扫描的普及度很低，所以关于大脑学会复杂任务后如何发生变化，已有的数据并不多。自然预期是，学会执行一项复杂任务之后，大脑的活性会上升，其逻辑在于执行更高水平任务时需要更有力的心理活动。根据之前的RAPM发现和我们对效率的理解，我们提出了相反的假设：学会更熟练地执行任务后，大脑的活性会降低。

也许你不知道什么是俄罗斯方块，所以在此对其规则进行介绍。由4个相同方块组成的形状（共5种），一次一个，出现在屏幕顶端，缓缓向屏幕底部降落。你可以左右移动、旋转，或者使用键盘上的按键使其迅速降落。目标是放置每一个形状，将其拼成完整的水平行，使屏幕底部不留缺口。当你拼好一行后，这一行会立刻消失，这一行上面的所有形状随之下降、改变布局，同时不同形状继续从顶端往下降落。主要目标是在不完整行堆到屏幕顶端，即游戏结束之前，尽可能增加完整行数。你完成得越好（完整行数越多），形状降落的速度就越快，所以在操作过程中，游戏的速度和难度会不断上升。虽然规则很简单，但是操作和进步都以复杂认知因素为基础，包括空间旋转能力、提前规划、注意力、动作协调性，以及短暂的反应时间。

第1天，所有学生都是第一次玩俄罗斯方块，此前为了确保他们理解规则，只让他们进行了10分钟的练习。第一次PET扫描期间，当放射性葡萄糖标记他们的大脑时，他们每次游戏的平均成绩是完成10行。经过50天的练习，做第二次扫描时，他们每次游戏的平均成绩上升到了100行。操作到最后，一些游戏进行的速度变得非常快，你几乎无法相信一个人可以这么快速地做出并执行决定。

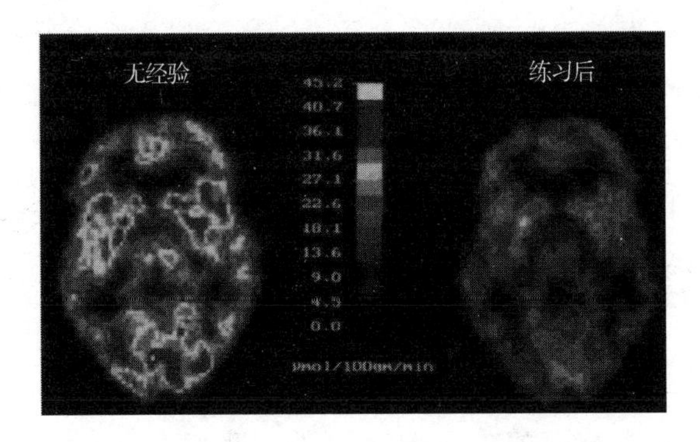

图 3.2　无经验与练习后玩俄罗斯方块时的 PET 影像

亮色代表最强活性，以葡萄糖代谢率为单位。随着练习增加，大脑活性降低，代表大脑的效率提高。(Courtesy Richard Haier)。

图 3.2 展示了我们的发现。

左侧影像是一个人第一次玩俄罗斯方块时的扫描。注意高活性红色区域。右侧影像是同一个人经过 50 天练习之后的扫描。练习后的大脑活动减少了，尽管游戏的速度和难度都上升了。我们的解释是，大脑学会了**不用**哪些区域，在练习过程中越来越有效率。这次研究中，我们还注意到一个趋势：智力测验分数最高的人，经过练习，大脑活性降低的幅度最大（Haier et al., 1992a)。换句话说，经过练习，最聪明的人大脑效率最高。后来的其他研究得到了不一致的结果，因此根据目前的证据权重，我们还不能下定论。然而，后来许多研究，都重复了大脑活动在学习之后减少的现象，与大脑效率假设一致。其他研究没有发现这个效应，也许重要的变量存在于人体中，而不是任务中。

那时候，为了研究智力可能受到的影响，我一直在为脑成像项目申请联邦经费。如前一章所述，从生物学角度看，智力研究有一些值得怀疑的地方，我的申请都没有下文。于是我决定稍微转移一下焦点，进而拿到了一笔用于研究唐氏综合征（Down's syndrome）的经费，唐氏综合征是一种遗传性疾病，通常与低智商有关。这些研究对象具有内在吸引力，必不可少的正常对照组也一样。联邦机构更愿意资助疾病和综合征类的研究（“愚蠢”并不在国家卫生研究院的研究类别里，所以没有哪一家机构会研究愚蠢），尤其是当经费申请表里几乎没有提到智商的时候。顺便说一下，这种情况在今天还是很普遍，尽管对于通过认知训练提高弱势儿童智商的项目会有例外。我们会在第 5 章进一步探讨。

我们过去一直好奇，低智商个体的大脑是否是低效的，原因可能是神经修剪的失败，这指的是从 5 岁左右开始过量或无关突触减少的正常发育过程。我们想知道智商在 50 到 75 之间的唐氏综合征患者的扫描结果，当然，由非唐氏综合征患者组成的对照组，智商分数也在相同范围内，但没有明显的遗传或大脑损伤方面的原因。我们还有智商在平均水平的其他对照组（Haier et al.，1995）。

那时候，大多数研究者都预测，低智商个体的 PET 图像会显示较低的活性，尤其是大脑有异常情况的个体，比如唐氏综合征患者，因为研究者认为某些大脑损伤会引起低智商。然而，神经修剪失败，与早期唐氏综合征研究中发现的突触的较高密集度一致（Chugani et al.，1987；Huttenlocher，1975）。在效率假设和可能存在的神经修剪缺失的基础上，我们认为低智商组的扫描图像，可能会显示较高的活性。图 3. 3 是我们的发现。

左边两幅影像来自两个低智商组，与右边的正常对照组的 PET 影像相比，显示的大脑活动更多（红色和黄色）。我们将这视为效率假设的证据，尽管我们也意识到了其他解释，包括对可能存在的脑损伤的补偿（Haier et al.，1995）。

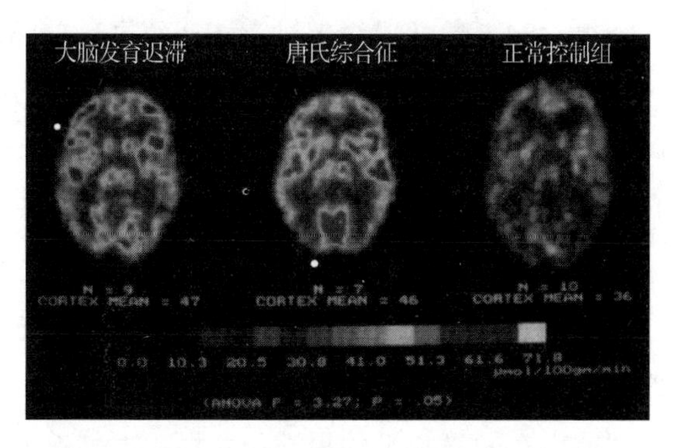

图 3.3　低智商组的 PET 影像与平均智商组比，显示了更强的大脑活性 亮色代表最强活性，以葡萄糖代谢率为单位。随着练习增加，大脑活性降低，代表大脑的效率提高。(Courtesy Richard Haier)。

3.3　不是所有大脑都按相同方式工作

此时，我已经谈好了免费 PET 扫描协议，所有扫描都用研究经费支付，因此我们开始用不同的方式研究效率假设。在第 1 章，我谈到 1970 年代，朱利安·斯坦利教授在霍普金斯大学开展了一项研究，对象是数学能力早熟的学生。早期的“天才搜索”计划，通过 SAT 数学分数，发掘的男生人数远远超过女生。1995 年，我决定利用 PET 扫描，弄清楚男性和女性在解决数学推理问题时，相同脑区的大脑效率是否相同。数学推理是比 g 因素更具体的一种心理能力，因此这次扫描将扩展效率假设的范围。卡米拉·本博教授（Camilla Benbow）与我一起负责这个项目，她也是与斯坦利教授一起工作过的前霍普金斯研究生。

我们根据 SAT 数学测验的成绩，在我的大学（UCI）里征募了 44 名男女大学生（Haier & Benbow，1995）。我们挑选的学生分成了 4 个组：SAT 数学成绩超过 700 分的男性；成绩同样超过 700 分的女性；SAT 数学成绩一般，在 410～540 分的男性；成绩在相同范围内的女性。每组 11 人（虽然我们只能支付 44 位参与者的扫描费用，但这仍是当时规模最大的 PET 研究之一）。每个人都在解答真实的 SAT 数学推理题的过程中完成了一次 PET 扫描。我们预期的结果是，男性高分组和女性高分组与两个平均成绩组相比，大脑活性更低，与大脑效率一致。我们还认为，数学推理能力在同等水平的男性和女性，大脑效率体现在不同脑区，因为男性和女性的大脑尺寸、结构存在差异，尽管当时支持这些差异的证据，不如今天有说服力（Halpern et al.，2007；Luders et al.，2004）。以下是我们的发现。

统计分析表明，22 名男性中，数学能力越强，颞叶区域（大脑下方区域，包含重要的记忆区，比如海马体）的活动**越强烈**。在 22 名女性中，我们发现数学推理能力与大脑活动之间不存在系统的统计关系。我们无法确定 SAT 数学高分组女性的大脑在解决问题过程中是如何工作的，尽管她们解决相同问题的能力与男性高分组一样强。而男性组的扫描结果则与我们的预期刚好相反。这是研究过程中通常会出现的情况。

事实上，这一次发现的影像数据，清楚表明男性和女性可能使用不同大脑网络加工信息和解决信息。别忘了，参与这次研究的男性和女性，SAT 成绩相当，并且在解决相同问题时有一样的表现。然而，他们的大脑活动模式明显不同。在我们看来，这意味着不是所有人的大脑都按相同方式工作。你可能认为这是显而易见的，甚至是老生常谈，但是大多数认知研究者都想发现大脑工作的一般模式，认为所有大脑的工作方式大致上是相同的。对个体差异的专注，以及并非所有大脑的工作方式都相同的观点，不论是在当时还是今天，都是不普遍的。还要记住，数学推理能力是一个特定因素，不是 g 因素。大脑效率可能与 g 有关，但是就数学推理这样的特定能力而言，更好的表现可能需要更多大脑活动。沿着这些思路，几乎同期开展的另一项 PET 研究对 8 名中年个体在完成一项知觉迷宫任务时的大脑进行了扫描，该任务的目的是测量视觉空间推理能力，这也是一种比 g 更具体的特定智力因素，结果显示任务期间个体大脑活性上升（Ghatan et al.，1995）。

感到困惑？我按时间顺序介绍这些研究的目的，是让你们了解当时的研究者如何工作、如何梳理明显不一致的发现。回忆我说过的三条法则，跟我重复：**与大脑有关的故事都不简单；没有哪一项单独的研究是决定性的；梳理互相矛盾的、不一致的研究发现，形成证据权重，是需要耗时数年才能完成的工作。**下一章会对一些成像结果进行解释，以及，如你所料，提出新的问题。

但在介绍其他早期智力成像研究之前，我想再简述一项我们自己做的 PET 研究。2000 年，使用 PET 或其他成像技术的研究者仍然很少。我们仍然对大脑效率感兴趣，但是也开始思考，就算不是在解决问题的状态中，大脑效率是否也与智力相关。换句话说，一个聪明的大脑，在没有杰出的工作表现时，是否也能被识别出来？

我们接下来开展的 PET 研究，以 8 名大学新生为对象，扫描他们在被动观看视频时的大脑，执行这项任务不需要解决问题的能力（Haier et al.，2003）。这是一个关于情绪记忆的项目，所以一些视频带有的情绪比其他视频更强烈，但是作为独立分析，我们关注的是，不考虑视频的情绪内容，测量抽象推理能力的、g负荷量较高的RAPM测验所预测的智力，是否与观看视频相关。我们分析了非问题解决状态中，大脑活动与RAPM分数之间的相关性。结果是，多个脑区的活动明显与分数相关。这些区域都不在额叶区。大部分都在大脑后部，这是一个在更靠前的联合区（association area），在对基本信息进行加工前，接收信息的区域。这表明RAPM分数更高的人与分数更低的人，在观看视频时，大脑活动是不一样的。我们认为，这意味着更聪明的人看得更投入，并且更主动地对视频信息进行不同的加工。换句话说，更聪明的大脑没有那么被动。这个证据再次表明，不是所有大脑都按相同方式工作，也许连看电视时的工作方式也不一样。

这个时期，还有其他几项与智力相关的PET研究。它们一致表明，大脑中的各个区域，在不同的演绎推理和归纳推理测验中被激活（Esposito et al.，1999；Goel et al.，1997，1998；Gur et al.，1994；Wharton et al.，2000）。研究报告没有对个体差异法，即寻找测验分数和激活程度之间的相关性，进行系统的说明，但是这些研究都发现，分布在整个大脑的多个区域都在推理中被激活。越来越多的证据证明，智力不只是额叶区的功能。

3.4 早期PET研究揭晓的和没揭晓的是什么

到目前为止，本章已经介绍过的PET研究，代表利用高科技脑功能成像研究智力的最初尝试。总体上，就算是这些最早的研究，也推动了智力研究脱离以心理测量为主的研究方法和相关争议，转变成以神经科学为主的研究，因为影像学提供了一个途径，使研究者能确定心理测验分数与葡萄糖代谢率等可测量大脑特征之间的相关性。

以下是对早期功能成像研究提供的4个重要发现的总结：

1. 智力测验分数与脑葡萄糖代谢相关。这有助于证明，过去的测验分数不是没有意义的数字，不是统计假象。事实上，随着神经影像智力研究的增加，声称智力测验分数没有意义的陈腐评论已经减少，并变得不如以前有意义了，如果说它们曾经有意义的话。
2. 早期，我们意外地发现，智力测验分数越高，大脑活性越低。据此提出的效率假设推动了许多后续研究，该假设仍未得到证实，不过如下一章会讲到的，随着研究的增加，情况越来越复杂，所有学科都在取得进展。
3. 练习后大脑活性降低表明，学习执行某些任务的过程与大脑效率的提高有关。这提出了智力是否能通过心理训练提高的问题。我们会在第5章详细论述这种可能性，以及我们对近期尝试的严重怀疑。
4. 男女组解决问题过程中的PET扫描差异，以及高智商和平均智商组观看视频时的PET扫描差异表明，不是所有大脑都按相同方式工作。我们会在第4章论述这个概念。

另一个重要推论的基础，是我们没有发现的东西。根据这些早期数据，我们没有发现任何一个可以被称为智力中心的脑区。事实上，早期PET影像数据表明，许多脑区都与智力测验分数相关。然而，2000年，一组研究者称，他们的PET研究表明，g因素的神经基础源自一个特定的外侧额叶系统，从而淡化了其他区域的重要性（Duncan et al.，2000）。他们扫描了13名参与者

（年龄 21～34 岁）在 2 分钟内解决 g 负荷量不同的少数问题时的血流情况。该研究报告在《科学》期刊上发表，引起了广泛关注，但同领域许多研究者迅速指出了几个严重的设计和解释错误（Colom et al.，2006a；Newman & Just，2005）。设计问题包括，没有对研究对象的性别和智商进行任何说明。此外，他们显然是从一所杰出大学里挑选了这些研究对象，因此范围严重受限的 g 分数很可能限制了相关性。成像期间，研究对象在按自己的节奏解决少数问题，因此任务可靠性（task reliability）较低，统计所有研究对象的平均值，会将不同反应速度导致的任何差异最小化。至于解释方面，此前有 PET 研究表明，分散的脑区与较高的 g 分数相关，但该研究报告没有引用一项这样的研究，因此也没有对额叶区以外的其他脑区进行认可或讨论。他们自己的数据也表明，除了额叶区以外，高 g 负荷量的任务还激活了多个脑区。之后，研究负责人约翰·邓肯博士（Dr. John Duncan）似乎放弃了额叶中心智力模型，开始认为其他脑区也与智力密切相关（Bishop et al.，2008；Duncan，2010），实际上与当时已发表的其他所有研究是一致的（Jung & Haier，2007）。因此，我们不再继续讲述这次短暂的绕道式的研究，值得注意的是，该研究在《科学》期刊上的发表，使影像学智力研究受到广泛关注，再次证实关于 g 分数的科学研究是可行的，这是一个过去备受争议的主张。所以说，虽然漏洞百出，这篇研究报告仍然有其积极作用。那时候，像《科学》这样的期刊并不愿意登载智力研究报告，在很大程度上，这要归因于 1970 年代和 1980 年代关于平均群体差异的争议（见第 2 章）。曾在《科学》期刊工作的已故科普作家康斯坦斯·霍尔登（Constance Holden），为她在内部发现的智力研究遭到的偏见感到失望，带着新闻工作者的诚实和怀疑，她尽最大努力报道智力研究。在她意外身亡后，国际智力研究协会（International Society for Intelligence Research，ISIR）为了赞扬她作出的贡献，发起了“康斯坦斯·霍尔登纪念演讲”（Constance Holden Memorial Lecture），在协会的年度会议中进行，每次由一位新闻工作者担任演讲者。

3.5　首批 MRI 研究

到 2000 年，一项新的成像技术开始投入使用，普及速度比 PET 快得多。PET 技术以正电子与电子的碰撞为基础，需要注射放射性示踪剂。磁共振成像（MRI）不需要注射放射性物质，因此也不需要回旋加速器和热室，MRI 扫描的费用要比 PET 扫描低得多（500 ~800 美元与 2500 美元的对比）。MRI 以磁场对自旋质子和氢分子的作用为基础。因为能提供高分辨率的全身影像，具有许多重要的临床用途，且没有辐射问题，所以 MRI 迅速成为大多数医院的必备技术，尤其是与大学联合的医院。这为许多认知心理学家提供了研究途径。实际上，在十几年以内，大多数重点大学里的心理学院都有了自己的 MRI 扫描仪，耗资数百万，这在过去是难以想象的（尽管至少有一位研究者预见了心理学院会购置成像设备；Haier，1990）。从 2000 年起，MRI 认知研究的数量开始迅速增加，如今，MRI 分析已经是认知神经科学研究中的最重要的一个依据。

以下是 MRI 的工作原理。质子总是处于自旋状态，这种旋转产生了一个较弱的磁场。每一个质子自旋轴有不同的、随机的南北方向。如果进入一个强大的磁场，所有质子的自旋轴会立刻偏转成同一个南北方向。向磁场发射无线电波，质子的自旋轴会发生偏转，并在无线电波消失后归位。当质子自旋轴偏离和回归磁场方向时，移动释放微弱的能量，如果对磁场附加不同强度的梯度，这种能量就能被探测并绘制出来，从而表明质子的位置。这一系列事件被称为磁共振成像（原本被称为“核磁共振成像”，改变说法是为了避开“核”的含义）。水中富含氢质子，人体大部分地方，尤其是软组织，是由水构成的，因此 MRI 能提供非常详细的身体和大脑影像。

MRI 扫描仪体积庞大，形似面包圈的设备里安装了一个磁力非常强大的磁体。当一个人躺在扫描床上，将头或全身置于像管道一样被磁体包围的仪器中心时，无线电波迅速被发射进磁场，身体里的质子发生偏转。接受检查的人感觉不到这些变化。所有位置移动形成的能量模式被系统探测到，并通过数学模型转换成图像。

图 3.4 是一幅基本的 MRI 影像，非常细致地展现了大脑结构。这是一张侧面切片（矢状面切片，sagittal slice）。MRI 技术甚至还能重建整个大脑的三维影像。当然，这些是数学切片，而不是真实的切片。就像报纸上的图片一样，每一幅大脑影像都由许多个叫作像素（pixel）的点组成。在 MRI 影像中，像素实际上有三个维度，因此被称为体素（voxel）。这些点不仅有面积，也有体积。成像技术确定了每一个体素的值。例如，此处的值，代表仪器检测到的由质子偏转释放的能量，进而解释为灰质（gray matter）的量。

图 3.4 的结构影像呈现了灰质，也就是神经元发挥作用的地方，以及连接各脑区、在大脑内输送信息的白质纤维（white matter fiber）。灰质和白质组织的含水量不一样，因此成像也是不一样的。注意，大脑结构的影像中没有任何功能性信息，因此，

从 MRI 影像中，你无法看出一个人是醒着还是处于睡眠中，是否在解决数学问题，甚至无法分辨是生是死。你能从中看出肿瘤、中风和许多其他的大脑损伤。MRI 也可以用于大脑功能的展示。极快速的序列成像能显示区域血流情况，进行血红蛋白（hemoglobin）测定，而且血流情况是神经元活性的间接反映。一个脑区越活跃，流向该区域的血液就更多。在认知神经科学研究领域，功能性磁共振成像（fMRI）被广泛用于展现个体在特定认知任务中的大脑活动。

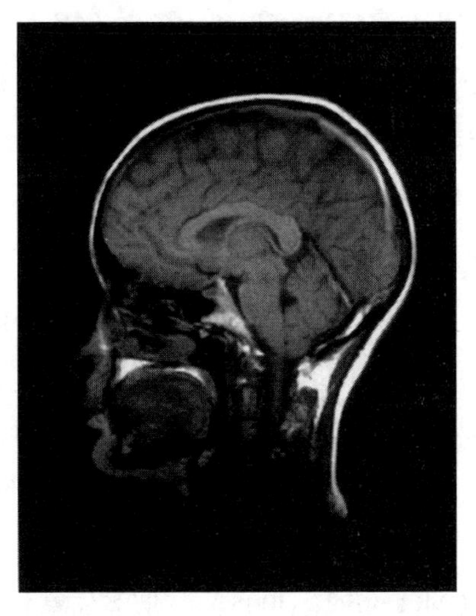

图 3.4　结构性 MRI 扫描（矢状面）

基本的 MRI 技术有多种用途。通过改变扫描序列的不同参数，比如无线电脉冲的频率，可以形成以不同大脑特征为重点的、不同类型的图像。如前所述，MRI 主要分为结构性和功能性两种。结构性 MRI 包括用基本扫描显示灰质和白质的结构细节，以及用其他方法，比如磁共振波谱（magnetic resonance spectroscopy，MRS）和弥散张量成像（diffusion tensor imaging，

DTI)，将白质纤维和白质束（white matter tract）的影像最大化。不管扫描期间大脑在做什么，这些结构影像都不受影响。我们接下来要回顾使用结构性和功能性 MRI 的早期智力研究。我们先介绍基本结构性 MRI，因为这是首次被用于智力研究的 MRI 技术。

3.6 基本结构性 MRI 的发现

MRI 解决的第一个智力问题，与整个大脑的尺寸有关。以前许多研究都表明，大脑尺寸和智力测验分数是正相关关系，相关系数通常不大，但主要问题是，研究者只能通过间接测量，比如测量头围（或者像 1800 年代时一样，计算填满一个颅骨所需要的金属球的数量)，来预测大脑的尺寸。MRI 能对**活体内**大脑的尺寸和体积进行准确度高得多的测量，因此，当研究采用了基于 MRI 技术的、更准确的大脑尺寸测量时，找到能证明智力测验分数与大脑尺寸是正相关关系的证据，就不那么令人意外了(Willerman et al.，1991)。这是一个被重复了许多次的明确发现。一项全面的、对相关资料（37 项研究，1530 名研究对象）的元分析表明，大脑尺寸或体积与智力测验分数之间的平均相关系数约为 0.33（McDaniel，2005)，研究对象包括成人和儿童。女性中的相关性更大（约为 0.40，男性约为 0.34)。女性成人和儿童中的相关系数分别是 0.41 和 0.37。男性成人和儿童中的相关系数差距更大，分别是 0.38 和 0.22。这些数据从根本上解决了早期的争论，表明尺寸更大的大脑与更高的智力之间确实存在一定程度的相关性。

当然，问题仍然存在。一些特定脑区的体积与智力之间的联系是否更加紧密？影响大脑体积发育的是什么，是否能突出显示发育机制？我们会在以提高智力为中心的第 5 章探讨后一个问题。结构性 MRI 增加了图像分析方法，将皮层和皮层下区域分割或“切分”（parcellate）为感兴趣区域（region of interest, ROI)，很快解答了前一个问题。研究者通常以任意一部分被认为能界定一个区域的体素为基础，运用一种简单算法来获取 ROI，或者利用各种大脑标志，尽其所能勾画出每张图像上的 ROI。早期研究团队使用的分割方法各不相同，以今天的标准来看，都是落后的方法，但分析结果的确表明，一些脑区的尺寸或体积与智力之间的联系更紧密。例如，其中一个研究团队（Andreasen et al. , 1993）发现，总智商与颞叶、海马体和小脑的体积存在较小的正相关性。弗拉什曼等人（Flashman et al. , 1997）进一步发现，操作（非言语）智商与额叶、颞叶和顶叶的大小之间存在较小的相关性。虽然这些相关性都没有超过大脑总体积与智商之间的相关性，但是它们提示了区域分析的重要性。

3.7　改进后的 MRI 分析提供的一致和不一致结果

当 MRI 智力研究进入下一个阶段时，图像分析的空间定位功能已经得到改进，新方法取代了 ROI 分割，凭借以毫米为单位的空间分辨率，对灰质和白质进行一个体素一个体素的量化（Ashburner & Friston，1997，2000），而不是按脑叶或部分脑叶进行分析。大约在 1999 年，基于体素的形态学分析（voxel - based morphometry，VBM）软件投入使用（统计参数映射图，statistical parametric mapping，SPM），智力研究领域在极大程度上脱离了以 ROI 为基础、在不同研究团队之间变化的定制化图像分析，开始采用标准化分析方法。通常，基于体素的分析结果会用蒙特利尔神经病学研究所（Montreal Neurological Institute）发明的标准坐标（MNI coordinate）来表示大脑里的空间位置；此外，研究者采用一套以布罗德曼分区（Brodmann area，BA）为基础的标准命名法来描述这些位置，该命名法源自早期尸体解剖报告中对皮层区不同细胞组织的描述（Brodmann，1909）。专栏3.1对VBM法进行了阐述，包括对BA的图解。伴随分析方法的改进和附加选项的出现，SPM会定期更新。

专栏3.1：基于体素的形态学分析

分析结构性和功能性MRI图像的一个主要方法，被称为“基于体素的形态学分析”，或简称VBM。如图3.5所示，该方法由3个基本步骤组成。首先，我们获得左侧的MRI图像；然后用数学算法明确灰质和白质组织的边界；最后，计算整个大脑中反映灰质和白质组织数量的每一个体素的值。在完整的大脑影像中，体素的数量多达数百万个，因此你能得到一个庞大的数据集。比如说，得到数据后，你可以分析每一体素与某项测验分数之间的相关性，从统计结果上判断哪些地方的相关性比较突出。你在任何一次图像分析中发现的位置，都可以用标准的空间坐标系（高，宽，深）表示，或者用一套标准命名法来描述，该命名法使用细胞结构来区分不同脑区，由布罗德曼创立，如图3.6所示。BA和空间坐标（通常以Talairach brain atlas，即塔莱拉什大脑图谱，或蒙特利尔神经病学研究所的坐标系为基础）常常一起出现在研究报告中。

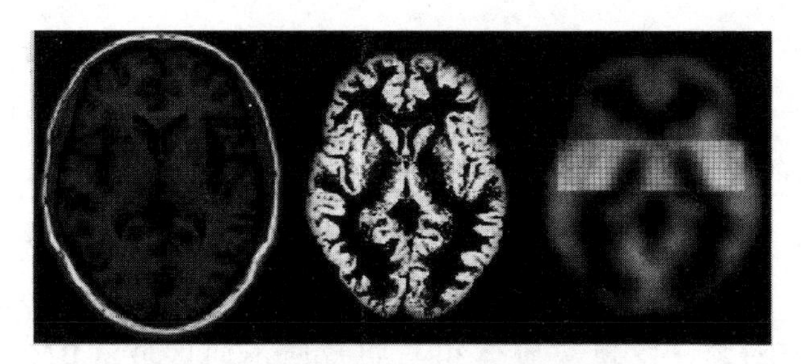

图 3.5　结构性和功能性 MRI 图像分析

VBM 分析从一张影像（左）和自动算法开始，然后分离灰质和白质（中），最后确定图像中每一个体素的值。这个值可能与智商、年龄或其他变量相关。(Courtesy Rex Jung)。

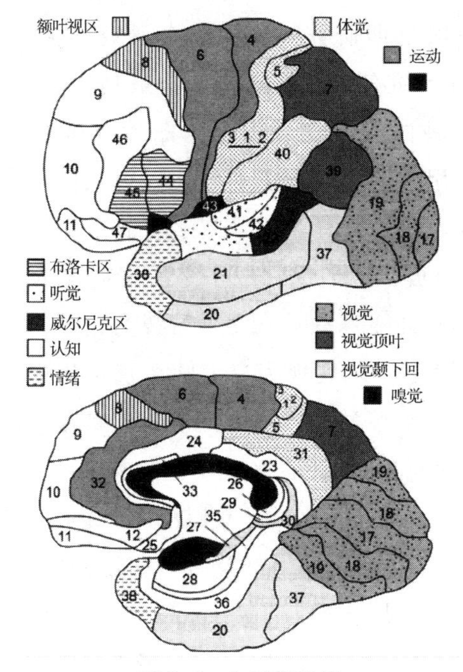

图 3.6　布罗德曼区

布罗德曼分区（BA）是以早期关于神经元组织的尸体解剖研究为基础，标记不同脑区的标准方法。

最早出现的基于体素的MRI智力分析中，一些数据来自儿童。一个研究团队获取了146名儿童（平均年龄11.7，标准差3.5）的MRI影像，并发现总智商与前扣带回（anterior cingulate gyrus，BA32）的灰质体积之间的相关系数为0.3（Wilke et al.，2003）。另一个团队以40名儿童（平均年龄14.9，标准差2.6）为研究对象，发现灰质体积与扣带回不同区域（BA24、31、32）、额叶不同区域（BA9、10、11、47）和颞叶不同区域（BA5、7）相关（Frangou et al.，2004）。下一章会介绍距今更近、更先进的儿童成像研究，但这些早期研究也很重要，它们证明成像技术在说明大脑发育与智商分数的关系方面具有潜能。这一点，以另一项早期研究为例。一个研究团队（Shaw et al.，2006）的MRI研究使用了当时最大、最具代表性的儿童样本，并采用了另一种能确定皮层厚度的图片分析法。该方法不是VBM，而是利用大量皮层标志和欧几里得几何学来计算许多位置的皮层厚度。该研究样本由307名正常儿童（平均年龄13，标准差4.5）组成，他们都完成了多次智商测验和MRI扫描。皮层厚度（cortical thickness，CT）与智商相关，但研究发现了一个清楚的发育顺序，展现了当大脑在童年和青春期逐渐成熟时，区域CT和智力之间的动态关系。研究发现，在童年晚期（8~12岁），智商和CT之间的相关性是最强的。这些相关性都为正，出现在大脑的各个区域。然而，这个发现在高智商和平均智商的个体之间存在差异。高智商研究对象的数据表明"皮层最初持续加速增厚，从青春期早期开始以同样的速度变薄"。但这个有趣的发现需要重复，我们会在下一章介绍新的研究。肖等人（Shaw et al.）的研究在享有盛誉的科学期刊《自然》（*Nature*）上发表，由国家儿童健康和发育研究所（National Institute of

Child Health and Development，NICHD）资助，增加了智力与大脑关系研究的可信性。

大约在同时期，VBM 首次被用于成人智力研究。我们获得了年龄范围很大（18～84 岁）的 40 名成人的 MRI 影像，分析了灰质和白质与智商分数的相关性，纠正了年龄和性别问题（Haier et al.，2004）。结果表明，分布在大脑两个半球、四个叶的几个区域的灰质都与智商分数相关。顶叶内一区域（BA39 附近）的白质与智商之间的相关性较为突出。我们对男性和女性的数据进行了独立分析（Haier et al.，2005），得到了意料之外的不同结果。男性大脑中，面积最大的、有更多灰质与更高智商相关的脑区，都位于后部，尤其是与视觉空间加工（visual spatial processing）有关的部分顶叶区。然而，在女性大脑中，几乎所有灰质与智商相关的区域都位于额叶区，尤其是与语言有关的布罗卡区周围的区域。

与我们之前关于数学推理的 PET 研究一样，男性和女性表现出不同的相关模式。一个还没有解决的问题是，从统计上看，男性和女性的不同模式是否具有重要意义。尽管如此，这些发现重申了我们的观点，即所有智力成像研究都应该独立分析男性和女性的数据，就像独立分析不同年龄组的数据一样。研究发现的年龄和性别差异强化了我们的基本假设：不是所有大脑都按相同方式工作。

就算更标准的 VBM 方法被采用，还是出现了许多不一致的研究结果。例如，一个研究团队（Lee et al.，2006）以 30 名老年人（平均年龄 61.1，标准差 5.18）为对象，只在右小脑后叶发现了操作智商与脑区体积的相关性。另一个团队（Gong et al.，2005）研究了 55 名成人（平均年龄 40，标准差 12），发现与总智商相关的灰质局限在前扣带回和内侧额叶（medial frontal lobes）。如前所述，研究结果通常来自未将男女数据分开处理的分析，第1章也论述过，受到限制的范围可能会限制相关性。另一个重要问题在于利用智商测验评估智力。尽管标准的智商测验可以有效预测g因素，但智商分数结合了g和其他特定智力因素。如果能更有效地预测g因素，成像结果是否会更加一致？

我们在两次研究（Colom et al.，2006a，2006b）中解决了上述问题，这两次研究的基础，是使用相关向量法（Jensen，1998）重新分析2004年的VBM数据。我们统计了WAIS测验每一个分测验的g负荷量的范围，以及同一测验与灰质的相关性的范围，最后分析了两个范围的相关性。我们发现，前扣带回（BA24）、额叶（BA8、10、11、46、47）、顶叶（BA7、40）、颞叶（BA13、20、21、37、41）和枕叶（BA17、18、19）皮层的灰质与总智商的相关性，许多都与g相关（Colom et al.，2006b）。此外，在一项分别进行的分析中，我们发现，和每一项WAIS分测验分数相关的灰质的量，与每一项测验的g负荷量，几乎是完全的线性关系（Colom et al.，2006a）。因此，我们得出了另一个重要结论。标准化的成套测验是智商测验的一个优点，但测验分数结合了一般因素和其他特定因素。所以，智力与大脑结构及功能的相关性问题的答案，取决于问题是否与g或者更多特定心理能力有关。早期研究中不一致的结论，可能就源自这个问题和一些抽样与图像分析问题上的混乱。

3.8 用两种方法获得白质束影像

另一种结构性MRI叫作弥散张量成像，或者简称DTI。运用这种成像技术，MRI 序列的优先目的是获得白质束所含水分（也就是氢分子）的影像，与特殊数学算法结合时，就会获得非常详尽的白质束影像。DTI 能判断白质束的密度和组织，这两个因素会影响白质束传递信号的功能。DTI 技术能非常有效地识别大脑网络。大多数 DTI 智力研究都在近期开展，我们会在下一章详细论述。此处要提的，是施米索斯特（Schmithorst）及其同事开展的首项 DTI 智力研究（2005）。他们研究了年龄在 5～18 岁之间的 47 名儿童。纠正了年龄和性别问题后，智商与白质纤维的密度和组织之间的最强相关性出现在额叶和顶叶后部区域。他们注意到，这些发现与维尔克等人（Wilke et al.）使用 VBM 方法得出的结论一致。和其他早期 MRI 研究一样，这项研究也使人们对使用新的成像技术量化大脑 - 智力关系产生更多兴趣。

DTI 技术可以量化白质的密度和组织，磁共振波谱（MRS）则能对白质完整性（white matter integrity）进行神经化学测定，白质完整性是衡量白质纤维的信号传递功能的另一个标准。例如，MRS 能测定 N-乙酰天冬氨酸（N-acetylaspartate，NAA），一种神经元密度和活性的标记。然而，早期的 MRS 方法局限于单体素分析，因此不能一次性研究整个大脑。早期 MRS 智力研究有 3 项。容（Jung）的团队研究了 26 名大学生，**识别了构成左侧顶叶 BA39、40 区白质的 NAA 测量体素**（Jung et al.，1999b）。他们发现 NAA 与总智商的相关系数为 0.52。他们以 27 名大学生为新样本，重复并拓展了这些发现，在同一个区域发现了 NAA 和智商的相关性，而位于两侧额叶的控制区则没有表现出相关性（Jung et al.，2005）。他们还发现，在女性组成的子样本中，NAA 与智商的相关性更大。在第三项 MRS 智力研究中，另一个团队抽取了 62 名年龄跨度较大（20～75 岁）的成人为样本。WAIS-R 量表中 g 负荷量较高的言语分测验的分数，与构成左额叶 BA10、BA46 的体素中的 NAA 相关（r =0.53），也与构成前扣带回左侧 BA24、BA32 的体素中的 NAA 相关（r =0.56）（Pfleiderer et al.，2004）。这些关于灰质和白质结构的早期 MRI 研究都令人感到激动，因为它们发现了不同智力测验分数与可量化的大脑特征的相关性，既包括特定位置的特征，也包括各位置间联系的特征。这不仅增加了发现智力在大脑的“哪个位置”的可能性，也增加了发现智力“如何”与大脑功能相关的可能性。

3.9 功能性 MRI（fMRI）

功能性 MRI 所使用的是红细胞（red blood cell）中血红蛋白各个方面的扫描参数，因为血红蛋白含铁元素，铁分子对 MRI 磁场的感应非常强烈。一系列影像以每秒钟数千张的速度迅速形成，用于显示大脑中的血流情况。在执行一项任务的过程中（通常与不执行任务的静息态对比），越活跃的脑区血流量也大；活性较低的脑区，血流量会减少。葡萄糖 PET 扫描显示 32 分钟内累积的大脑活动，fMRI 扫描显示的则几乎是每一秒的活动变化。现在，fMRI 是认知心理学研究领域运用最广泛的成像技术。

最先试用 fMRI 技术进行智力研究的，是斯坦福大学的一个团队（Prabhakaran et al.，1997）。该研究团队利用了瑞文测验中的独立题目，这些题目考查的是解决问题所需要的不同类型的推理能力。他们发现，7 名年轻成人（23 ~ 30 岁）在解答每一道题目时，额叶和顶叶脑区出现血流量上升。他们没有分析活化量与任务表现的相关性，因为问题数量少，而且每一个人都正确回答了所有题目。该样的设计，刻意排除了任务表现的个体差异。这是许多认知研究通常采用的方法，从根本上忽视研究对象间任何与智力有关的个体差异。最近，有研究者对个体差异法及其推动认知成像研究发展的潜能进行了非常出色的论述（Kanai & Rees，2011；Parasuraman & Jiang，2012）。

尽管到 2006 年，已有数百项认知研究采用了 fMRI 技术，包括智力或推理能力测量的研究却只有 17 项。在这 17 项研究中，除了 3 项以外，其余研究的样本量都不超过 16，控制任务多种多样（一些研究没有设置任何控制任务），智力和推理能力测量各不相同。这些早期研究中的测量，都并不以能预测 g 因素的成套测验为基础。这些研究在成像过程中采用的测验包括工作记忆（Gray et al.，2003），国际象棋（Atherton et al.，2003），类推（Geake & Hanson，2005；Luo et al.，2003），视觉推理（visual reasoning）（Lee et al.，2006），演绎推理和归纳推理（Frangmeier et al.，2006；Goel & Dolan，2004），以及动词产生（verb generation）（Schmithorst & Holland，2006）。最后一项研究与众不同，因为其样本量很大，为 323 名儿童（平均年龄 11.8，标准差 3.7）。考虑到早期研究的发现和方法多种多样，其中是否存在哪些一致的线索呢？

3.10　顶额整合理论（Parieto – frontal Integration Theory，PFIT）

2003 年 12 月，在国际智力研究协会的年度会议上，我主持了一场特邀研讨会。这是成像研究者们首次聚在一起讨论智力研究。除了我以外，参加者还包括杰里米·加里（Jeremy Gary）、维韦克·普拉巴卡兰（Vivek Prabhakaran）、雷克斯·容（Rex Jung）、阿尔乔沙·纽鲍尔（Aljoscha Neubaoer）和保罗·汤普森（Paul Tompson）。除阿尔乔沙·纽鲍尔以外，我和这些研究者是第一次见面。雷克斯·容对几项研究进行了精彩评介，这些研究都强调了智力相关脑区的分散性。以他作为神经心理学家的临床背景，以及关于白质和智商的 MRS 研究为基础，他还强调了特定脑区之间白质连接的重要性。显然，他和我有一样的兴趣，因此，我们对大脑成像与智力研究方面的所有文献进行了全面的评介。我们用了两年多时间书写评介，在 2007 年与其他研究者的评论一起发表（Haier & Jung，2007；Jung & Haier，2007）。

从我们 1988 年只有 8 名研究对象的首次 PET 研究，到 2006 年规模更大的 fMRI 研究，来自世界各地的不同研究团队一共完成了 37 项智力成像研究。鉴于研究方法和测量的显著差异，以及所涉及的潜在脑区的数量，典型的元分析法并不适用。我们采用了评介认知神经影像学研究文献的方法（Cabeza & Nyberg，2000）。我们回顾了结构性 MRI、PET 和 fMRI 成像结果。我们关注的焦点，是那些不受成像技术和测量方法差异影响的共同发现。在 37 项研究中，有几个相同的脑区出现在 50% 或更多的研究发现中。这个比例可能显得没有说服力，但是在卡贝萨和尼伯格（Cabeza & Nyberg）评介严谨的认知实验的文献中，我们发现了与此相近的比例。

我们发现的重要脑区分散在大脑的不同位置，但大多数都在顶叶和额叶区域。我们将该模型叫作智力的顶额整合理论（PFIT）。注意，“整合”强调了显著脑区间的交流是该模型的关键，因为我们一直认为，找到特定脑区只是建立有用的智力大脑模型的开始。理解连接各脑区的网络之间的时序互动至关重要。

图 3.7 展示了我们的模型所包含的所有区域。

图 3.7 中的圆圈代表脑区，圈中数字是按标准的布罗德曼分区（BA）命名法所编（Brodmann，1909）。我们提出，这些脑区构成了与智力相关的一般大脑网络和子网络。大多数脑区位于额叶和顶叶，一些在左半球（蓝圈），一些在两个半球（红圈）。一条显著的白质纤维束（黄色箭头）像高速路一样，连接额叶和顶叶。这条纤维束被称为弓状纤维束（arcuate fasciculus），我们提出，它是重要的智力纤维束。

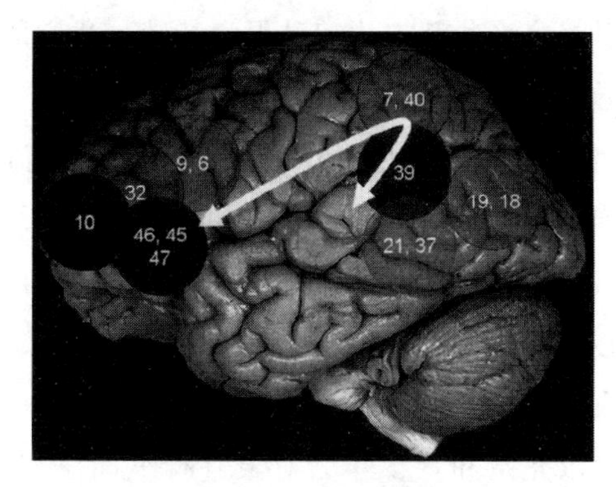

图 3.7　顶额整合理论

顶额整合理论展现了与智力相关的大脑区域。(Courtesy Rex Jung)。

PFIT 模型中的脑区，代表大脑在解决问题和进行推理时，信息流和信息加工的 4 个阶段。阶段 1，信息经感觉通道（sensory perception channel）进入大脑后部。阶段 2，信息流向整合相关记忆的大脑联合区。阶段 3，整合后的信息继续流向额叶，额叶进行考虑权衡，做出行动决定。阶段 4，若有行动需要，运动或言语区就发挥作用。这不大可能是一个严格按顺序进行的、单向的流动。实时处理复杂问题时，需要多个系列、双向的、同时发生的事件在大脑网络间进行。

基本概念是，智力大脑在后部整合感觉信息，当信息到达前部时，进一步整合，再进行高级加工。PFIT 模型还表明，一个人有智力，并不意味着这些区域都必须发挥作用。不同组合可能产生相同水平的 g 因素，但就其他智力因素而言，有不同的强项和弱项。例如，两个人的智商相同，或者 g 的水平相同，但是一个人擅长言语推理，另一个人擅长数学推理。他们的 PFIT 区域中，可能有一些是相同的，但很可能在其他区域存在差异。

认知研究表明，一些 PFIT 脑区与记忆、注意力和语言有关，意味着智力以整合这些基本认知过程为基础。我们的假设是，智力的个体差异，不管是 g 因素还是其他特定因素，都源自特定 PFIT 区域的结构性特征，以及信息在这些区域的流动方式。一些人的重要脑区有更多灰质，或者连接脑区的白质纤维更多，一些人的 PFIT 区域的信息流动更有效率。这些大脑特征使一些个体在智力和心理能力测验中得分更高，使另一些人的效率更低、更不擅长解决问题。大脑重要特征的发育过程是一个独立的问题，在未来将以儿童和青少年为对象进行纵向研究。在下一章，我们会见识更先进的成像方法，这些方法能展现大脑里每一毫秒的信息流变化，因此可用于检验关于高效信息流和智力的假设。

在构想 PFIT 的过程中，我们不知道有两位认知心理学家在一本书中发表了相似的评论（Newman & Just，2005）。这两位作者也支持分散的智力网络，而不是只集中在额叶的智力模型。另外，他们还指出了脑区间白质连接的重要性。就他们的模型而言，高效信息流和计算量（computational load）的重要性是两个显著特征。虽然从不同的角度出发，我们却独立地得出了相似的观点。本章末尾的“拓展阅读”部分列举了他们的文献，我强烈推荐。

还有一点也值得一提。在第一阶段的研究中，许多智商相关的、在 PFIT 模型内的灰质、白质区域的发现，都在一定程度上受遗传控制（Pol et al. ，2002；Posthuma et al. ，2002，2003a；Thompson et al. ，2001；Toga & Thompson，2005），我们会在下一章探讨这些研究，以及更新甚至更有说服力的研究发现，它们都结合了包括 DNA 分析在内的先进遗传分析技术和大样本的神经影像。

因为我们对 37 项研究的评介在 2007 年发表，越来越多的研究者重视一般智力和基本认知过程之间的联系，后来又新增了来自世界各地研究团队的 100 多项智力成像研究。2006 年之后，智力研究采用了神经影像，我们将这称为第二阶段（Haier，2009a）。新一轮研究中，许多研究都较之前复杂得多，采用具有代表性的大样本、多种预测 g 因素的智力测量方式，以及先进的影响分析技术，包括更好的解剖测量和定位方法。我们会在下一章详细介绍第二阶段的重要研究。

3. 11　爱因斯坦的大脑

在本章结束之前，请让我暂时将你的注意力转移到爱因斯坦的大脑上。爱因斯坦死后，他的大脑被一名内科医生取出，保存在一个罐子里。该医生先将爱因斯坦的大脑放在自己家中，后来在搬家过程中，又将其放在他的汽车里。他不愿意向外界分享爱因斯坦的大脑，但最终，这些样本还是提供给了研究者们。主要发现（Witelson et al. ，1999；Witelson & Harvey，1999）是，在爱因斯坦的大脑中，位于后部的一个区域有更多组织和支持神经元的细胞。该顶叶区域，与在男性中显示出与智商相关，在女性中则没有显示出相关性的区域，几乎完全相同（Haier et al.，2005）。对爱因斯坦大脑的照片进行的详细分析，也在额叶和顶叶区域发现了差异（Falk et al.，2013）。爱因斯坦的大脑与其他大脑之间可能存在的任何差异，都必然具有吸引力，但关于他的大脑，最奇特的一点，或许是从纯解剖学分析来看，它并没有那么奇特。事实上，在做尸体解剖时，研究者常发现智商在 70 以下的人的大脑，并没有显著的、使之有别于高智商大脑的特征。正因此，功能性神经影像和定量图像分析（quantitative image analysis）才提供了许多新的见解。

在运用新型医用神经影像技术的第一阶段，智力研究者缺少使用昂贵设备的途径，首轮研究的特点为小样本、单一智力测量，以及常常忽视个体差异的落后的图像分析方法。尽管如此，1988 年到 2006 年间缓慢而稳定的发展，使我们能在 37 项研究的基础上完成一篇文献综述，包括有限数量的可识别的区域，这些区域分散在大脑各处，其结构和（或）功能与智力和推理能力测验的分数相关。第二阶段的成像和智力研究凭借更先进的方法，继续拓展第一阶段的发现，所取得的最新进展是第 4 章的核心内容。

本章小结

- 本章阐述了神经影像智力研究的早期历史，我们将 1988 年到 2006 年称为第一阶段，这个阶段有许多意料之外的发现。
- 经过第一轮研究，大多数研究者都发现，智力并不单是集中在额叶区，而是与分散在大脑各个部位的网络密切相关。
- 一项意外的早期发现是，由葡萄糖代谢率决定的大脑活动，与智力测验分数成反相关，引出假设：高效信息流是更高智商的要素之一。

- 成像研究表明不是所有大脑都按相同方式工作。在计算群体数据的平均值时，应该考查而不是忽视个体差异。
- 第一阶段的研究虽然有局限性，但仍然得出了一些一致的结论，使我们提出了智力的顶额整合理论，强调特定区域的结构性和功能性特征，以及特定区域间的连接。

问题回顾

1. 阐述结构性和功能性神经影像的区别。
2. PET 技术和 MRI 技术的主要区别是什么？
3. 智力的大脑效率假设的基础是什么？
4. 关于大脑中是否有一个"智力中心"，有哪些证据？
5. 列举早期大脑影像智力研究的关键局限性。

拓展阅读

Looking Down On Human Intelligence (Deary, 2000). This is a sophisticated and comprehensive account of intelligence research. Clearly written with wit and without jargon, it ranges from early thinkers and philosophers to the end of the twentieth century, including the early neuroimaging studies.

"The Parieto-Frontal Integration Theory (P-FIT) of intelligence: Converging neuroimaging evidence" (Jung & Haier, 2007). This is the original, somewhat technical review of 37 imaging/intelligence studies. It includes a broad range of commentaries from other researchers in the field (Haier &

Jung,2007).

"Human intelligence and brain networks"(Colom et al. ,2010). This is a more general description of the PFIT model.

IQ and Human Intelligence(Mackintosh,2011). This is a thorough textbook that covers all aspects of intelligence written by an experimental psychologist. It has a chapter that is a good summary of early imaging studies of intelligence (chapter 6).

"The neural bases of intelligence: A perspective based on functional neuroimaging"(Newman &Just,2005). This chapter is clearly written and presents a brain model of intelligence similar to, but developed independently of, the PFIT.

第4章　灰质的50个色度：一张智力大脑影像胜过千言万语

现代世界，大脑损伤患者的数量，足够让我们找到重要的心理问题的答案，条件是对这些材料进行充分研究。

（Ward C. Halstead，1947，p. v）

数据引人注目，领域日益成熟，步伐逐渐加快。随着智力研究走进21世纪的神经科学，新的假设和争议不可避免。对于这个领域的工作来说，这是一个多么精彩的时代啊。

（Richard Haier，2009a，p. 121）

学习目标

- 神经影像如何揭晓与智力相关的大脑网络？
- PFIT模型的实证支持是什么？
- 证据权重是否支持大脑效率与智力的关系？
- 为何难以根据大脑影像预测智力测验分数？
- 智力影像研究是否与推理能力的影像研究不同？
- 哪些大脑结构与智力测验分数共享基因？
- 神经影像研究如何推动研究者寻找与智力相关的特定基因和大脑机制？

概　述

智力是一个十分有趣的神经科学话题，关于这一点，考虑到前两章阐述的遗传和神经影像研究，任何残留的怀疑也应该消逝了。如果你仍然不相信，请读完本章再下结论，我们会为你介绍更有说服力的发现，它们来自最新的神经影像研究，包括结合了遗传学方法的研究。儿童、成人和脑损伤患者组成的样本都包括在内，此外还有更先进的获取和分析大脑影像的方法。这些研究继续吸引和激励全世界的研究者进一步提高鉴定技术的精确性，使用此前难以想象的大样本，提出关于智力和大脑可验证的新假设。需提醒一点：前一章提到的大多数研究，及本章将介绍的许多研究，因为样本太小，不足以得出决定性结论。记住我们的第二条法则：没有哪一项研究是决定性的。随着该研究领域日益成熟，样本量显著增大。一直以来，证据权重总是偏向样本量足够大的研究，这样的样本能将研究发现的稳定性最大化，将不可靠的发现最小化。以发现智力候选基因为目的的早期研究，尤其是这样。我会将这些研究作为历史背景来介绍，同时也是为了说明证据权重的发展过程。

第 3 章阐述的 PFIT 模型，提出智力与 14 个分散在大脑中的特定区域相关（Jung & Haier，2007；Haier & Jung，2007）。这些区域构成了广阔的额叶 - 顶叶通信网络，以及包含其他几个颞叶和枕叶区域的子网络。PFIT 模型认为，信息在这些网络间的流动方式，是个体心理能力尤其是 g 因素差异的基础。该模型也提出，智商相同的个体，g 因素水平可能来自不同的 PFIT 区域组合。换句话说，可能有多条甚至多余的神经通路通向 g 因素，就像从纽约开车去洛杉矶，可以选择多条路径。根据 PFIT 的假设，对个体来说有重要意义的子网络间的高效信息流，与高水平 g 有关，PFIT 的子网络则与一个人的心理能力强弱模式有关。

当 PFIT 在 2007 被提出时，要验证这些假设是比较困难的。在评定结构性或功能性大脑网络连接，以及解决问题期间信息在网络间流动的效率方面，神经影像和分析方法的作用比较有限。随着新型数学和统计方法被用于评定脑区间的连接度，新型图像分析技术被用于评定白质传递信息的完整性，脑磁图（MEG）技术也投入使用，对执行认知任务期间每一毫秒里各区域的神经元活动进行动态评定，智力研究领域的情况有了迅速而巨大的改善。几个大规模研究联盟将神经影像与遗传学方法相结合，进一步加快了智力研究的发展。这些进步之处就是本章的重点。至少有 50 项近期研究可以用于说明智力研究的发展势头。虽然不能一一阐述，但我们可以先介绍以大脑网络的连接度为焦点的重要研究及其发现。我们会按时间顺序介绍大多数研究，从而还原历史背景。本章阐述的研究涉及许多大脑区域，为了确保完整性，重要的脑区都包括在内。你将对总体上的发现有足够的了解，不需要熟记这些脑区。阅读本章时，参考前一章图 3.6、3.7 的大脑图谱，或许会有帮助。

4.1　大脑网络与智力

每一张大脑影像，都由成千上万个小体素组成。如前一章所述，体素的值代表葡萄糖代谢率。在结构性 MRI 中，这个值可以是灰质或白质的密度。在 fMRI 中，这个值以血液流动为基础。为了确定一个脑区与其他所有脑区之间的关系，研究者可以计算任何一个体素或界定一个感兴趣区域（ROI）的一组体素组，与整个大脑中的其他所有体素（或 ROI）之间的相关性。

起始体素（starting voxel）被称为“种子点”（seed）。研究者可根据需要验证的假设，放置多个种子点。相关性模式能反映种子区域与其他脑区间的连接。这种连接是统计意义上的，也许能、也许不能反映实际的、解剖意义上的连接。

上述连接度分析，被用于分析59名个体的fMRI数据，这59人都完成了WAIS智商测验（Song et al.，2008）。通常，fMRI扫描是在参与者执行某项认知任务时进行。不同研究采用不同认知任务，给研究结果的比较造成了困难，因为每项任务的认知要求不一样，所涉及的脑区也不同。这一项59人的研究，则使用静息态fMRI数据来计算脑区间的功能连接度。换句话说，fMRI数据产生期间，个体没有执行任何认知任务。这么设计是为了验证静息态大脑活动是否能揭晓与智商相关的功能连接。静息态大脑活动的一致模式，被称为“默认网络”（default network）。也就是说，当一个人没有参与认知任务时，其大脑活动往往形成一个稳定的、涉及特定脑区的维持模式，而不是由不相关的、混乱的活动形成的完全无序的模式。

在该项研究中，种子点被放置在额叶中的一个区域，与布罗德曼分区里的46号、9号区域一致（见图3.7的PFIT模型）；两个半球各有一个种子点。分析第1步，通过计算种子点血流量与其余所有体素中血流量的相关性，统计静息态种子点与其余脑区之间的功能连接。和预期一样，额叶种子点与其他脑区之间的一些连接比另一些连接更强（也就是相关性更强）。第2步，分析连接强度与智商分数之间的相关性。PFIT模型中的脑区之间的连接，与智商之间的相关性是最强的。此外，该研究表明，静息态默认网络活动的个体差异与智商有关。

此后很快，另外几项研究采用更有效的统计方法，探究大脑网络及其与智力的关系。该方法叫作“图分析”（graph analysis）（Reijneveld et al.，2007；Stam & Reijneveld，2007），在运算上更复杂，用于判断每一个体素（在图分析中也叫作“节点”，node）与其他所有体素之间的相关性，以及连接强度（连接被称为“边”，edge）。图分析的运算可以在结构性或功能性影像数据之上进行。一些节点是连接其他许多节点的中心（hub）。大脑中的网络往往是“小世界”（small-world）连接，因为最密集的连接都围绕着相邻脑区或“邻居节点”（neighborhood）。经互相连接的中心节点，大脑中相距更远的区域之间也有连接；这样的网络就是所谓的**“富人俱乐部（rich club）”**（van den Heuvel et al.，2012）。小世界网络使信息在更少的线路（白质纤维）间进行更有效率的短距离传递，富人俱乐部则加快距离较远的脑区间的交流。从婴儿期到成人早期，这些网络在不同时期以不同速度发育。影响网络发育的因素尚不明确，但很可能与认知能力的个体差异有关。专栏 4.1 对图分析进行了说明。

专栏 4.1：图分析

图分析作为一个数学工具，被用于建立大脑连接模型和网络。目的是要确定大脑影像中的每一个体素，与其他所有体素的相关性。体素间的连接叫作“边”，结构性或功能性影像中的边都可经计算得出。一个或一簇与其他许多体素相关的体素，叫作一个“中心”。与其他许多中心相关的中心，被称为“富人俱乐部”。连接强度由体素或中心之间相关性的数量级决定。任何一个连接的效率都可以通过确定其长度来预测。大部分大脑具有局部连接度，因为许多相邻体素通过一个附近的中心互相连接。这有利于进行高效信息传递。富人俱乐部连接相距更远的脑区，有利于加快信息交流。图 4.1 提供了图解（van den Heuvel & Sporns，2011）。分析心理测验分数与中心及连接强度的相关性，可了解哪些脑区与智力有关，如 4.1 节所述。

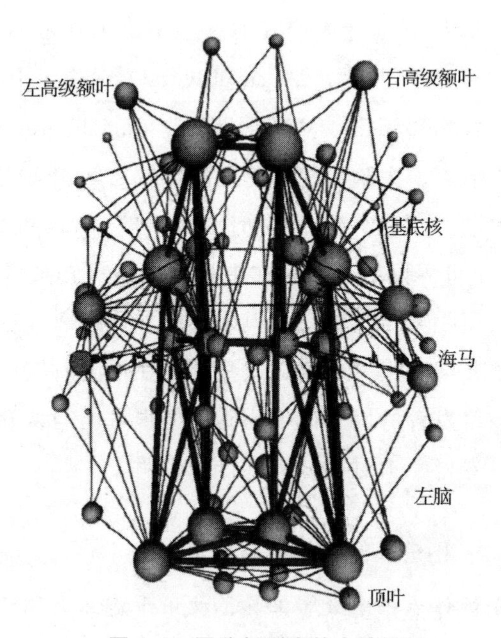

图 4.1　图分析测定的大脑连接

节点代表有许多连接的脑区（节点越大，连接越多）。蓝色线条称为“边”，表示区域间连接的强度（线越粗，连接越强；深蓝色线条表示富人俱乐部与其他脑区的连接）。（Adapted with permission from van den Heuvel and Sporns，2011）。

范登赫费尔（van den Heuvel）和他的同事，对 19 名成人的静息态 fMRI 数据进行了图分析（van den Heuvel et al.，2009）。他们以通路连接的总长为基础，计算测量了整个大脑多个脑区间的高效交流。该测量与智商分数成负相关。换句话说，智商分数越高，通路越短，表明信息在整个大脑中传递的效率更高。额叶 - 顶叶连接通路的长度，与智商的负相关性最强。同样，另一个团队（Song et al.，2009）针对默认网络在高智商和平均智商组（N =59）之间的差异，使用了图分析。他们也发现，默认网络整体连接效率的差异，与智商相关。分析结果表明高智商组的效率更高。还有一个研究团队使用 120 名参与者的 fMRI 影像，做了整体效率的图分析（Cole et al.，2012）。完成了整个大脑的分析后，他们发现只涉及左半球背侧前额皮层和其他额叶 - 顶叶连接的高效连接与智力测验分数相关。其他研究者对 74 名参与者的静息态脑电图数据进行图分析，发现集中在顶叶的高效连接与智力分数的相关性最强（Langer et al.，2012）。

桑塔尔内基和同事也以 207 名年龄分布广泛的个体在静息态的 fMRI 数据为基础，使用了图分析，发现智商分数与分散在大脑中的连接相关，包括 PFIT 中的区域（Santarnecchi et al.，2014）。研究既发现了较强的局部连接度，也发现了较弱的远距离连接度，但他们的研究提出了一个令人意外的新结论：与较强的短距离连接相比，智商与较弱的长距离连接的相关性更强。这些研究者还运用图分析，和用数学方法制造的“损伤”，做了一个非常巧妙的实验。首先，他们以与智商分数相关的功能性连接为基础，**构建了大脑复原力的测量方式**。然后，他们测试了“损伤”对特定区域或随机区域的影响（Santarnecchi et al.，2015a）。他们得出的结论是，更高的智力与针对损伤的大脑复原力相关，且关键区域与 PFIT 一致。如第 2 章所述，与 BDNF 相关的 Val/Met 基因，可能对创伤性脑损伤发生后的智商维持有影响，这一点支持了上述综合性结论。

同一个研究团队，使用同一个 207 人的样本和 fMRI 数据，以左右半球相同脑区间的功能相关性为基础，进行了另一个类型的连接度分析（Santarnecchi et al.，2015b）。这种分析中的连接叫作同伦连接（homotopic connectivity），分析结果与预期相反。较高智商与半球间同伦连接较弱的脑区相关，表明减少的半球间交流与更高的智力相关。虽然 PFIT 也包括几个同伦区域，但是该研究增加了关于半球间交流的新认识。研究也发现了年龄和性别差异。例如，高智商女性的数据显示，前额皮层和后部中线区域的连接更少。智商较高、较年轻的参与者（25 岁以下）的数据也显示同伦连接模式增多。这些年龄和性别分析是使用小一些的子样本进行的，因此必须慎重看待，但它们说明了分析这些变量的潜在重要性。因为这些结果都来自静息态数据，人们会想，如果以执行认知任务期间的数据为基础，与智商的功能性同伦关系是否会更紧密。这个问题已经有答案了。2014 年的一项研究，分别以 79 名参与者的静息态 fMRI 和解答瑞文测验题目时的 fMRI为基础，进行了大脑网络的确认（Vakhtin et al.，2014）。目前为止，这是唯一一项用同一样本，研究静息状态和任务激活状态的智力成像研究。在使用同伦分析之前，用来测定连接度的统计方法叫作独立成分分析（independent component analysis）（Santarnecchiet al.，2015b）。解决问题时的功能性连接，与静息态功能性连接部分重叠，重叠的网络与 PFIT 模型一致。

无论是从进化的角度（Vendetti & Bunge，2014），还是发展的角度看（Ferrer et al.，2009；Wendelken et al.，2016），其他体素方面的大脑连接度分析（Shehzad et al.，2014），也为 PFIT 模型提供了强有力的证据；两个角度都强调了顶叶和额叶的连接度对推理能力的重要性。伴随非言语推理任务的标准 fMRI 实验，为关于构成不同认知功能的子网络的 PFIT 假设提供了有力证据。总的来说，显而易见的是，许多方法各不相同的网络分析结果，大体上十分相似，都支持分散在大脑中的智力相关网络。这些发现基本上与 PFIT 模型一致，尽管当新数据出现时，该模型可能被修改、进一步完善，甚至被反驳。

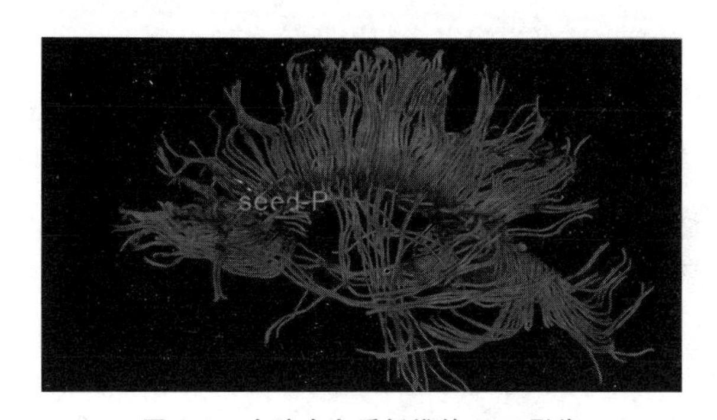

图 4.2　大脑中白质纤维的 DTI 影像

选定种子点，是为了确定这个位置与其他区域的连接。(Courtesy Rex Jung)。

许多分析采用数学方法确认网络时，都不考虑实际的大脑解剖情况。白质纤维是将信息从一个脑区传递到另一个脑区的有形大脑结构。图 4.2 是大脑中白质纤维的 DTI 影像。展示了左右半球之间的白质连接（胼胝体，corpus callosum）。已有研究表明，胼胝体的厚度与智力相关。(Luders et al.，2007)

一组研究者（Li et al.，2009）专门进行了白质连接的图分析，以测定大脑效率。在前一章，我们介绍过 DTI 是一种特殊的 MRI 技术，能测定白质的完整性。李（Li）的团队分析了 79 名年轻成人的 DTI 数据。分析结果包括高智商组的整体白质效率更高。他们指出，"……更高的智力分数，对应更短的特征路径长度（characteristic path length），以及更高的整体网络效率，代表大脑中并行信息传输的效率更高……我们的发现表明，就智力而言，大脑结构组织的效率可能是重要的生物基础”。

另一个研究团队运用 DTI 技术评估了 420 名老年人的白质（Penke et al.，2012）。他们没有发现任何与智力分数高度相关的白质束。然而，他们的研究表明，根据所有白质束组合计算得出的整体白质完整性，作为一个一般因素，或许对 10% 的智力分数差异有影响。这个影响完全归因于信息加工速度。另一个团队（Haasz et al.，2013）以中年和老年成人为样本，得到了相似发现。其他研究者使用 40 名年轻成人组成的小样本，分别计算了男性和女性的白质与智力的相关性（Tang et al.，2010）。两种性别的相关模式是不同的。尽管样本太小，不足以一般化，但从个体差异以及已知的大脑性别差异（Luders et al.，2004，2006）的角度出发，研究者有充分理由坚持计算男性和女性的独立分析数据，尤其是当两个性别组的智力水平相当时。

另一种大脑网络研究，以大脑损伤患者为基础，这些个体同时还带有大脑损伤导致的认知缺陷。在神经影像技术出现之前，脑损伤患者的研究是推断大脑 - 智力关系的主要资源，如果不是精确资源的话。通过提供精确的损伤定位，以及认知测验低分与大脑参数的相关性，神经影像推动了脑损伤研究的发展。例如，格拉舍（Glascher）和同事使用由 241 名带脑损伤的神经患者组成的样本，评估了包括 g 在内的主要智力因素（Glascher et al.，2009，2010）。主要发现是，额叶和顶叶区域的损伤与 g 因素缺陷相关，当额叶 - 顶叶网络（见图 4.3 和 4.4）中的不同部位受到损伤时，其他智力因素（言语理解、知觉组织、工作记忆）出现缺陷。其他研究者用结构性 MRI、fMRI 和 DTI 测验了大脑和智力的关系，所用样本为少数舒 - 戴综合征（Shwachman-Diamond syndrome）患者，这是一种罕见的遗传疾病，以各种认知缺陷为部分特征（Perobelli et al.，2015）。他们发现的大脑异常与 PFIT 模型一致。

如我们所见，PFIT 模型得到了大量研究支持，新数据正在对其进行潜在的改进。例如，一个研究团队将神经影像从皮层拓展到了皮层下区域（Burgaleta et al.，2014）。他们以 MRI 和 104 名完成了成套认知测验的年轻成人为基础，分析了几个皮层下结构的形状。与 g 因素高度相关的流体智力分数，与右半球伏隔核（nucleus accumbens）、尾状核（caudate）和壳核的形态相关。这些区域和丘脑形态也与视觉空间智力因素相关。另一项研究发现基底神经节（basal ganglia）的体积与不同智力因素有关，且这一相关性存在性别差异（Rhein et al.，2014）。虽然这两项研究都需要重复，但它们将 PFIT 模型拓展到了皮层下区域。也有研究提供了一些儿童 PFIT 方面的证据。一项新研究以 99 名年龄在 1～11 岁的儿童为样本，发现与 PFIT 相关的高效结构性大脑网络，与直觉推理（perceptual reasoning）和一项高 g 负荷量测量相关（Kim et al.，2016）。

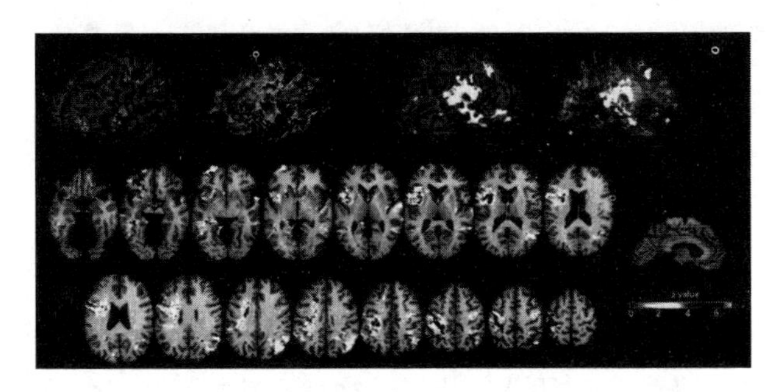

图 4.3　用三维绘制技术展现的皮层和皮层下区域，损伤位置和 g 因素（顶排）之间有显著的统计关系

底排：轴向（水平）切片显示更详细的检查结果。（Reprinted with permission，Glascher et al.，2010，figure 2，p. 4707）。

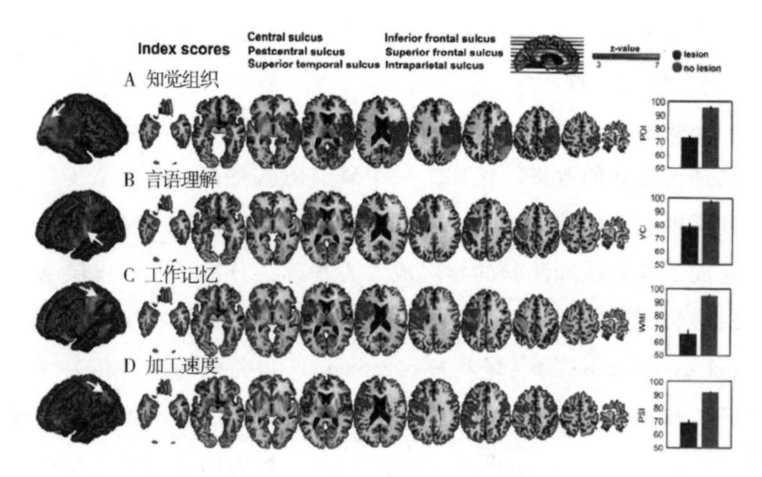

图 4.4　损伤位置对 4 个心理能力指标的影响

A 排为知觉组织，B 排为言语理解，C 排为工作记忆，D 排为加工速度。亮色代表损伤位置明显影响了指标分数。右边的图表显示受影响最大区域（3D 投影图白色箭头处）有损伤的患者和无损伤的个体，在各个指标上的平均差异。（Reprinted with permission，Glascher et al.，2009）。

一个德国研究团队发表了一份全面的研究报告，他们在 2014 年完成了一项详尽的神经影像智力研究元分析，以测验 PFIT 为明确目的（Basten et al.，2015）。在最终分析中，他们只考虑了可以直接评估智力个体差异的研究；没有考虑平均组间对比研究。容和海尔（Haier）的分析包含了这两类研究。此外，他们的 PFIT 分析的基础，是对出现在各项研究中的共同区域进行定性评估。在一项基于体素的实证分析（第 3 章介绍的 VBM 方法）中，德国研究团队对比了结构性和功能性成像结果，找出了在样本总量超过 1 000 的 28 项研究中重复出现的智力相关脑区。他们推断，分析结果总体上支持顶叶—额叶网络是重要的参与网络。他们发现的证据还表明，PFIT 还包括扣带回后部/楔前叶、尾状核和中脑（midbrain）区域。图 4.5 展示了他们修改后的 PFIT 模型。他们提出的修改意见都需要在研究中重复。

PFIT 是一个不错的开始，但建立更先进的模型也是有必要的，因此研究者还需要测验更多具体预测。大脑测量与认知测量的因果关系，使一些相关性从根本上无法解释，对这些相关性的依赖，使最初和修改后的 PFIT 模型存在概念性问题（Kievit et al.，2011）。使用以多指标、多原因为基础的分析，有望解决这个局限性，从而或许能推动“神经 - g”研究的发展（Kievit et al.，2012）。改进后的统计方法非常复杂，此处无法详述，它们能推出更具体的关于大脑变量的假设，对于大数据集来说尤其重要。这些方法有可能阐明大脑生理与特定认知测量的关系方面的证据权重，尤其有可能找到与认知测验中的个人表现差异相关的不同大脑变量（见 4.3）。

此刻，你可能发现要把所有与智力相关的脑区都记住是很难的，而且容易混淆。我知道这种感觉，可以给你一些有帮助的建议。制作一张表格，记录每一个布罗德曼分区及其功能，记起来会比较方便。这种表格一开始管用，然而，随着可用数据越来越多，往往任何一个区域都与一种以上的功能相关。早期关于 g 因素的神经心理学研究（Basso et al.，1973）以大脑损伤患者为对象，发现了这一点，并在较近期的研究（Duncan，2010）中被正式化为多重需求理论（multiple demand theory）。那么，发现脑区和认知功能不是一一对应的关系有什么好处呢？难道不是让复杂情况变得更复杂了吗？此外，脑区的划分也不是绝对的，大脑不同，界线也可能大不相同。记住我们的第一条法则：跟大脑有关的都不简单。我的观点是，你没有必要记住一个脑区的所有功能。你只需要考虑一个事实，即我们现在能找到一组与智力相关的脑区。我们正在寻找管弦乐队里的单个乐器。弄清楚它们如何合奏出智力的交响乐，是我们面临的新挑战，需要更先进的技术，我们会在 4.2 节介绍其中一种：脑磁图（MEG）。

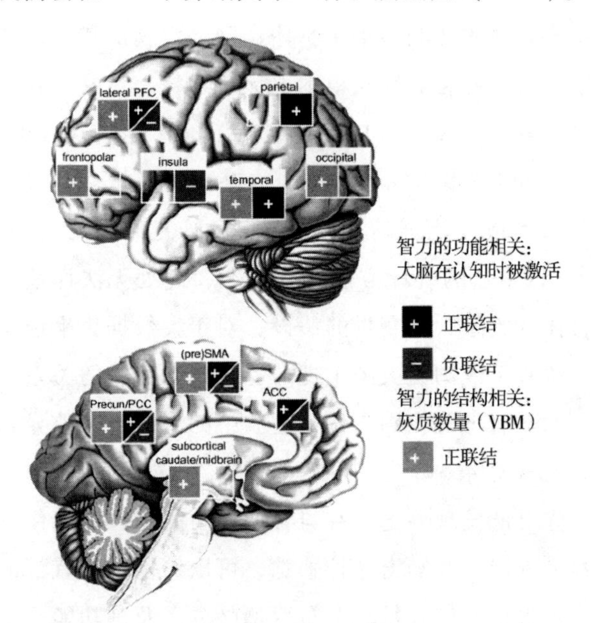

图 4.5　与智力相关的脑区分散在大脑外侧（左）和内侧（右）

ACC，前扣带回皮层；PCC，扣带回后部皮层；PFC，前额皮层；（pre）SMA，（pre－）supplementary motor area，（前）辅助运动区；VBM，基于体素的形态学分析。（Reprinted with permission，Basten et al.，2015）。

让我们简要回顾大脑网络方面的发现。如第 3 章所述，从 1988 年到 2007 年，第一阶段的神经影像研究提出了两个主要假设：智力与大脑效率相关；智力与分散在大脑中的多个区域有关，尤其是顶叶－额叶网络中的区域。本章目前已概述过的第二阶段神经影像研究，采用更复杂的图像获取和分析技术，使用更大的样本，来验证第一阶段的假设。总的来说，各项研究结果的权重，为顶叶－额叶分散假设（尽管进行了一些修改）提供了相当重要的证据，即使不是完全无法反驳，也在测量大脑连接度的基础上，为效率假设提供了初步支持。接下来，我们将介绍对大脑效率进行的更详细的考查，包括在个体解答智力测验问题时，检查大脑区域间的实际信息流动。

4.2　功能性大脑效率——眼见为实?

发现智力测验分数和皮层的葡萄糖代谢率之间的负相关关系后（Haier et al.，1988），我们提出了高智商与高效大脑活动相关的假设。在那项研究报告中，效率的概念是一般性的，包含可能存在的大脑网络、神经元（尤其是线粒体）和（或）突触活动的特征。我们还推测，我们观察到的练习后皮层活动的减少，或许是因为大脑提高了任务相关区域的利用率，同时学会了不使用哪些区域（Haier et al.，1992b）。多年来，关于大脑效率和智力的关系，存在不一致的结论，考虑到研究刚刚开始，这种情况并不意外。随后的一项文献综述推断，大脑效率主要受任务类型和性别的调节（Neubauer & Fink，2009）。截至当时，大多数大脑效率研究都以 EEG 方法为基础。前一部分介绍的图分析间接证明了结构性和功能性大脑网络效率与智力相关，但随着更多对效率有明显影响的变量被发现，情况变得越来越复杂。

两项小样本 fMRI 研究，通过对比高智商和平均智商参与者的皮层激活情况，调查了大脑效率（Graham et al.，2010；Perfetti et al.，2009）。值得注意的是，这两项研究选择的参与者存在智商差异；进行了高智商和低智商组的对比。大多数认知影像研究都避免将智力当作一个独立变量，因为人们普遍假设，从根本上说，所有人类大脑的工作方式是一样的，因此不同智商组的对比将不具有意义。然而，该假设的可信度非常低。当影像研究将智力考虑在内时，差异显而易见。两项研究的结论大致相符。一项研究指出："当复杂性上升时，高智商对象的影像中，一些额叶和顶叶区域出现信号增强；相同的区域，在低智商对象的影像中却表现为活性降低。两组激活模式的直接对比表明，在执行与内侧和外侧额叶区域密切相关的、难度适中的任务时，低智商样本的神经活性更高，这说明两组参与者使用的执行功能可能不同"（Perfettiet et al.，2009）。同样，另一项研究指出，"更高的智力是否与更多或更少的大脑活动相关（"神经效率"的讨论），取决于被考查的具体任务和被使用的大脑区域。由此可知，研究者在根据不同智商组的激活情况差异做推断的时候，必须谨慎"（Graham et al.，2010）。遗憾的是，这类将智商视为独立变量的认知研究仍然很少（4.4 节还会介绍一个例子）。

两项距今更近的研究使用 fMRI 数据直接验证了效率假设。第一项研究以 40 名青少年（男女各 20 人）为对象，将性别、任务难度和智力都包含在研究设计里（Lipp et al.，2012）。研究者从 900 人中挑选出这 40 人，确保男性和女性样本的智力分数（一般智力和视觉空间智力分数）情况相同，为了避免范围限制问题，两个样本的分数分布范围都较广。在 fMRI 扫描过程中，每名参与者都解决了一组空间旋转问题和控制问题。视觉空间任务主要激活了额叶和顶叶区域，但与效率假设相反的是，研究者没有发现智力与任务中大脑活动的负相关关系。扣带回后部和楔前叶的激活情况与智力相关。另一项研究提出，PFIT 模型应该增加两个默认网络区域（Basten et al.，2015）。研究者由此推测，默认网络区域未被激活可能表明智力越低的参与者，面对的任务要求更高。他们还发现，在女性中，智商越高，参与解决难题的任务相关区域的活性就越高。简而言之，与我们的第一条法则相符，这些发现增加了效率概念的复杂性。

在第二项效率研究中，巴斯滕（Basten）和同事获得了52名参与者在执行一项难度逐步上升的工作记忆任务时的fMRI影像（Basten et al.，2013）。他们对两类脑区进行了重要的区分：任务正激活（task-positive）区域，任务期间被激活的脑区；任务负激活（task-negative）区域，任务期间活性降低的脑区。他们分别分析了测验分数与两类脑区激活情况的相关性。在任务正激活网络中，高智力与低效率相关。在任务负激活网络，高智力与高效率相关。这些相反的发现，与男性和女性子样本的数据相似，表明关于效率假设的全脑分析可能比区域分析更令人困惑。

尽管关于智力个体差异的、简单的效率假设一开始具有吸引力，后续研究却突出了问题的复杂性。一方面，在研究神经回路及其与复杂认知的相关性时（Bassett et al.，2015），效率仍然是一个热门概念。另一方面，效率已经被当成以模糊和无用为特征的概念，尽管通过更好的界定和测量，这个概念仍然具有潜在的解释力（Poldrack，2015）。

我们正在探索以MEG为基础，使用无创神经影像技术测量效率。MEG技术能检测到每分钟里由神经元群开始、停止放电引起的磁场波动。该技术的空间分辨率约为1毫米，但1毫秒的时间分辨率对于大脑中的信息流研究来说尤其具有吸引力。磁信号穿过颅骨时，被扭曲的程度比EEG信号低，有利于对活动进行空间定位。让一个人边解答认知问题边做MEG扫描，可以检测到每一毫秒里由神经元放电引起的波动，并在整个大脑内进行追踪。关于这些波动的解读，存在的问题很多，但它们有可能让我们理解个体在解决问题时大脑是如何加工信息的。

例如，一个研究团队使用 MEG 技术，测定了个体在执行一项选择反应时（choice reaction time）任务期间，可能与智力相关的大脑激活时间和序列（Thoma et al.，2006）。之所以选择该任务，是因为选择反应时与智力相关（选择反应时任务需要个体选择正确的反应；简单的选择反应时任务只要求对一种刺激作出反应）。在选择反应时任务中，较短的反应时间代表信息加工速度较快，在许多研究中与较高的智力测验分数相关；简单任务中的反应时间与智力不相关（Jensen，1998，2006；Vernon，1983）。21 名年轻男性的 MEG 结果表明，涉及一个后部视觉加工区和一个感觉运动区的激活序列，与 RAPM 抽象推理测验（见第 1 章）的分数相关。这是 MEG 技术首次被用于智力研究，但因为不具有大样本优势或测试模型，所以复杂的 MEG 结果不可避免地具有不确定性。另一项 MEG 研究以 20 名大学生为对象，研究了言语记忆任务中的高效信息流（Del Río et al.，2012）。结果表明，“言语工作记忆范围内的高效大脑组织，或许与大型大脑网络较低的静息态功能连接度相关，涉及区域可能包括右侧前额叶和左外侧裂周围区域”。虽然没有直接测验 PFIT 模型，但研究提供了令人鼓舞的例证，意味着 MEG 分析具有探明信息加工的序列和时间的潜力。

MEG 是一项复杂且昂贵的技术，供研究者使用的 MEG 仪器并不多。这与现在被广泛运用的 MRI 技术相反。许多大学心理学院里都有 1 台或多台 MRI 仪器，以及众多熟悉复杂的图像分析软件的研究生，这类软件的开发者是专门从事认知研究的数学专家。MEG 作为研究手段，仍然有很大的发展空间。例如，一个研究团队在同一个样本的基础上使用 MEG 和 fMRI 技术，研究可揭晓网络连接度的最佳方法（Plis et al.，2011），其他团队使用了连接度的图分析数据（Maldjian et al.，2014；Pineda－Pardo et al.，2014），但这些研究都没有将智力当作一个变量。另一个团队研究了阅读困难，发现三个脑区的 MEG 激活情况与智商分数相关，但没有阐述各区域被激活的时间顺序（Simos et al.，2014）。现在，MEG 在大脑效率和智力研究方面的潜力还没有变成现实，但我们正在为这个目标努力（见专栏 4.2）。

专栏 4.2：观测大脑中的智力

PFIT 模型假设，在解决问题的过程中，智力与特定脑区的特定激活序列相关。总体上，序列从后部感觉加工区域开始，向前部移动至对信息进行整合的顶叶和颞叶联合区，然后移动到检验假设和做决策的额叶区。该序列在解决特定问题过程中的重复频率，是与智力的个体差异相关的关键变量。序列包含的具体脑区以及序列时间也有个体差异。MEG 提供了估测实际序列，并将之与 PFIT 的预测进行对比的方法。例如，在智力测验中得高分的个体，与分数处于平均水平的个体，所使用的 PFIT 区域可能不一样。或许与效率假设一致，高分组序列涉及的脑区更少。或者，智力不同的所有个体都使用相同的 PFIT 区域组成的相同序列，与智力相关的，是调动或重复区域序列的速度。我们正以 32 名年轻成人为样本，利用 MEG 技术研究这些假设。每名参与者需要执行四项不同的认知任务（简单折纸，复杂折纸，归纳推理，词汇），所有任务都适应 MEG 仪器的计算机管理系统。每项任务都包含许多问题，每个问题设有 4 个答案选项。每道题目都需要数秒钟的作答时间，而 MEG 的时间分辨率为 1 毫秒，因此可以绘制出这期间的大脑活动变化。

第 1 步，我们分析了参与者按下正确选择按钮之前的 500 毫秒里，300 个探测器捕捉到的 MEG 信号。图 4.6 呈现了简单折纸任务中的一道题目。图 4.7 展示了高、低智商组作答前 500 毫秒里的 MEG 激活模式截屏。目的是确认 PFIT 区域是否参与了个体作答前的最终思考阶段。MEG 动画具有视觉上的说服力，并展现了大量数据的性质。它们让人想到“百闻不如一见”这句话。但眼见的就是事实吗？问题在于，如何利用这些影像，定量地检验 PFIT 假设，尤其逐一分析每个人的数据。

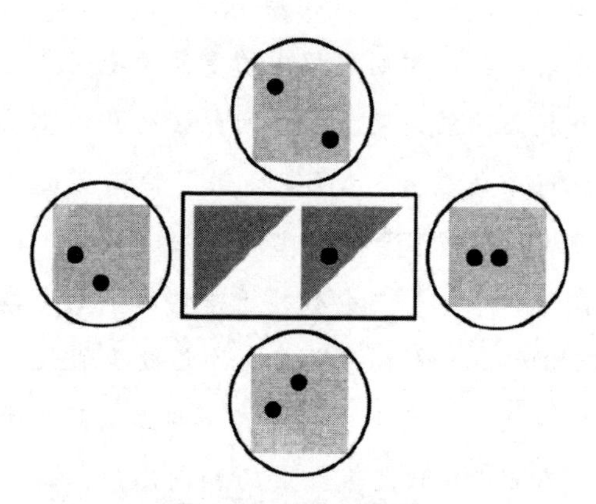

图 4.6　折纸示范题

第 1 步，一张折叠起来的纸出现在电脑屏幕上，如中央长方形里的左图所示。第 2 步，在折好的纸上打一个孔，如中央长方形里的右图所示。第 3 步出现 4 个圆圈里的选项，展现这张纸展开后圆孔的位置。只有一个选项是正确答案。参与者按下他们所认为的正确答案对应的按钮。(Courtesy Richard Haier)。

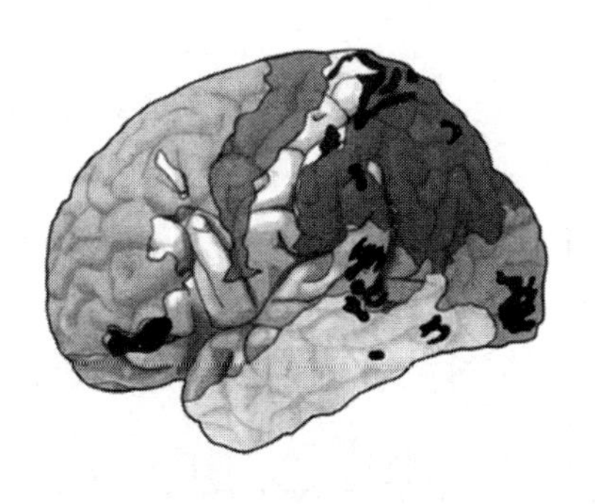

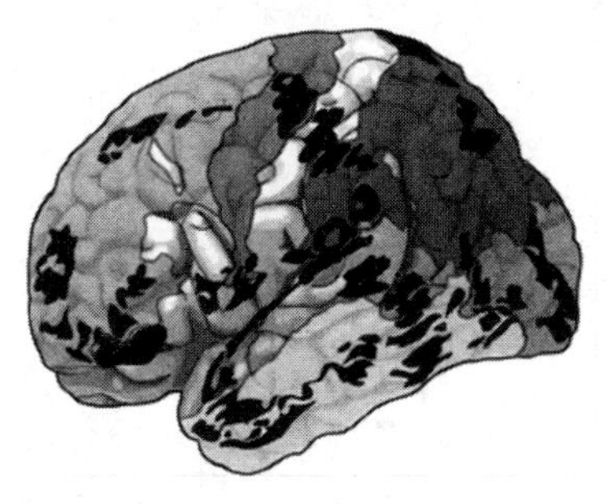

图4.7　回答问题时 MEG 的激活影像

高智商（上）组和低智商组（下）在回答图 4.6 中的问题之前的 500 毫秒里，MEG 激活影像的截屏。深色标示 PFIT 区域的位置。(Courtesy Richard Haier)。

在此介绍一个方法。图 4.8 用条形图，分别展示了 4 名高智商组个体和 4 名低智商组个体，在按下按钮前的 500 毫秒里，每 10 毫秒的平均激活情况。就算不进行统计分析，你也能看出两个组的显著差异：低分组的 PFIT 区域更活跃。如图 4.9 所示，就算在组内，个体间的激活模式也很不相同。当组内数据被平均化并进行组间对比时，组内个体差异总会被忽视。我们的观点是，如果逐一分析每个人的成像数据，如图 4.9 的条形图所示，那么理解大脑信息加工和智力的可能就更大。

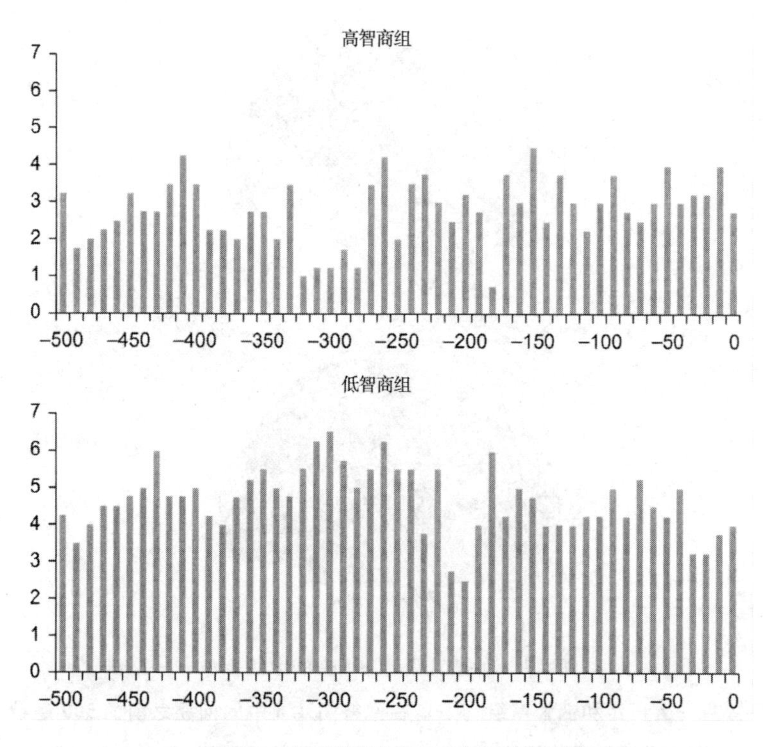

图 4.8　解答问题时 MEG 激活情况

高智商组和低智商组的 9 个左半球 PFIT 区域，在解答折纸问题（图 4.6）之前的 500 毫秒里每隔 10 毫秒的 MEG 激活平均数（y 轴）。低智商组解决问题时被激活的区域更多。(Courtesy Richard Haier)。

本书付印时，我们仍然在分析该项研究的数据。我们需要分析问题出现后 500 毫秒里的数据，检测最早的感觉加工激活序列是否与智力相关。我们可能会发现，过去几个时代或许比这 500 毫秒提供的信息更多。我们还需要研究四项测验里的不同题目，从中寻找与智商相关的共同因素。在我们考虑使用独立样本重复研究之前，我们要做的事情还很多。现在下结论还为时过早，许多解释性问题还没有解决。尽管如此，MEG 技术的使用，尤其是个体的逐一分析，提供了一个新途径，以研究智力是否与大脑网络效率的个体差异相关。复杂数据的视觉化十分具有说服力，但是缺少定量分析，因为眼见的并不总是事实，所以需要研究者谨慎对待。

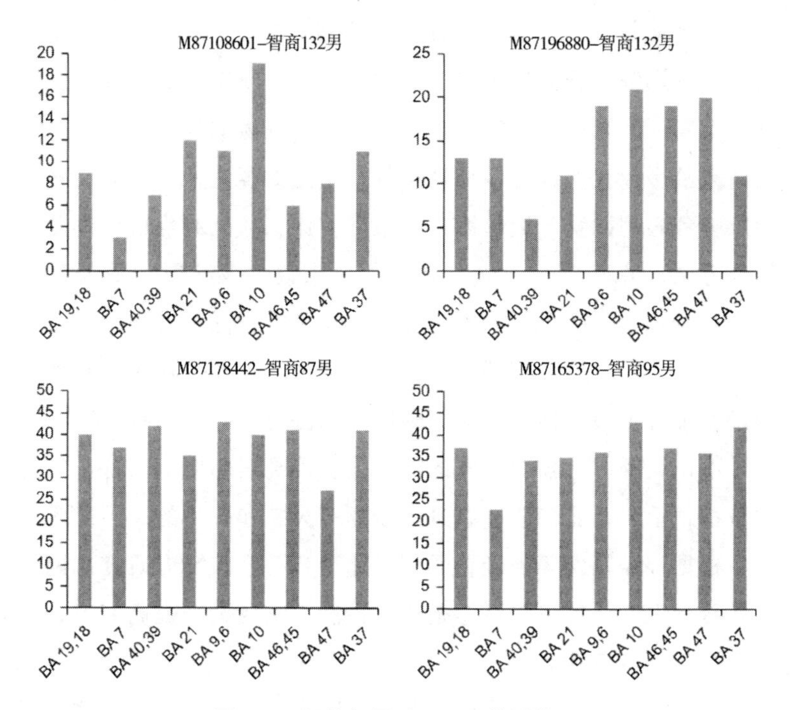

图 4.9　解答问题时 MEG 激活情况

左半球 9 个 PFIT 区域在解答折纸问题（图 4.6）之前的 500 毫秒里的 MEG 激活情况。上方是两名高智商（都为 132）个体的图表；下方是两名智商偏低（分别为 87 和 95）个体的图表。(Courtesy Richard Haier)。

4.3 根据大脑影像预测智商

想象一下，如果大学能给入学申请者一个选择，可以提交他们的 SAT 分数或者大脑影像，结果会怎样呢？如第 1 章所述，SAT 分数能较好地预测一般智力，因此也能较好地预测学术成就。大脑影像是否能提供更有效的一般智力或学术成就预测？这是一个实证问题，肯定答案也许远没有你认为的那么可怕。事实上，大脑影像，尤其是结构性影像，可能更客观，并且对许多可能影响到心理测量分数的因素很敏感，比如动机或焦虑。你是否擅长考试，并不影响你做扫描。总的来说，大脑影像的花费比 SAT 培训课程或正规智商测验低，而且做大脑扫描耗时少得多。没有培训，只需要在扫描仪里待 20 分钟，你还可以在功能性成像过程中打个盹。你还会对大脑影像的潜力不感兴趣吗？

不论大脑影像预测智商的能力是否得到实际应用，这个能力本身都预示着，我们还可以进一步理解大脑和智力的关系。实际上，根据神经影像等神经科学测量预测智商，是智力研究的两个重要目标之一。另一个目标是通过控制大脑变量来提高智商，将在下一章进行论述。

从 1950 和 1960 年代的早期 EEG 研究开始，根据大脑测量预测智商的尝试已经有很长一段历史了。至少在 1974 年，这成为了一项专利（US 3809069）。2004 年，来自新墨西哥大学的研究团队，包括我的同事雷克斯·容在内，获得了一项专利（US 6708053 B1），以使用 MRI 光谱法估测的大脑神经化学特征为基础来测量智商。这项专利的获得，源于他们对智商和单个脑区的 N-天冬氨酸（N-aspartate）的相关性的研究（见第 3 章）（Jung et al.，1999a，1999b）。2006 年，一个韩国研究团队提交了结合结构性和功能性 MRI 数据测量智商的专利，最终在 2012 年获得（US 8301223 B2）。他们的专利受到此前研究的支持，包括我们的 MRI 研究（Haier et al.，2004），以及韩国团队使用不同样本、分析预测智商和实际智商相关性的研究（Choi et al.，2008；Yang et al.，2013）。请注意，此时，我并没有看出这些专利的商业潜力。在我看来，这些专利都没有对 SAT 测验或 WAIS 智商测验的发行者构成直接威胁，因为它们的有效性还需要通过大规模的独立重复试验来确立。我不确定这类研究能够证明通过大脑影像预测智商的可行性。这是因为，以一个组的平均数据为基础预测个体智商，是相当困难的。尽管如此，我仍然相信，基于神经影像的智商预测是可行的。我的怀疑和乐观，都源于我对个体差异的重要性的看法。让我对此进行说明。

根据神经影像预测智商或任何智力因素，这是一个简单易懂的概念。成功与否，取决于单个或若干个大脑变量与智力测验分数的相关程度。如第 1 章所述，智商分数是对 g 因素的有效预测，因为智商分数是纠正了年龄和性别问题、利用不同认知域的多项分测验分数的综合。不同认知域需要的大脑网络大概也是不同的，因此针对不同认知域的多个大脑测量也许可以共同预测智商。我们在第 3 章指出，全脑尺寸与智商之间存在不太显著的相关性。虽然相关性没有大到可以直接用大脑尺寸代替智商，但是绝对可以充当此后研究的基础。

将多种测量结合起来进行预测的统计方法有许多种。其中被用于智商分数预测的、最基本的一种方法，是多重回归方程（multiple regression equation）。该方法及其相关版本是在排除各种测量间的共同关系后，计算智商与每一种测量的相关性。例如，如果变量 A、B、C 都与智商相关，那么在用统计方法排除 A 与 B、A 与 C 和 B 与 C 之间的公共方差（common variance）之前，是不能将 A、B、C 简单地结合起来的。每个变量与智商的剩余相关性叫作偏相关（partial correlation）。回归方程结合每个变量与智商的偏相关系数，为使智商预测最优来计算每个变量的权重。以变量 A、B、C 为例，为了进行最有效的智商预测，A 的权重可能超过 B，B 的权重可能超过 C。由此构成的方程可以用来计算另一个人的数据，预测智商分数。大量个体的预测智商和实际智商分数之间的相关性必须接近完全相关，这个方程才可以代替实际智商。光分析出预测智商和实际智商在统计上的显著相关性是不够的。无论何时，被用于某个研究样本的回归方程，都需要用于另一个独立样本，以重复预测智商和实际智商的相关性。这是对回归方程的交叉验证（cross-validation），之所以需要这个步骤，是因为最初的方程可能受到偶然因素的影响，产生虚假的高度相关性，尤其是在小样本中。在我们的研究中，回归方程被多次验证，但每一次交叉验证都以失败告终，因此我们没有发表或申请专利。

到目前为止，据我所知，这些成为专利的、根据大脑测量预测智商的方法，都还没有成功完成关键的交叉验证。最近一项研究从不同地方收集结构性 MRI 影像，试图根据这些影像预测智商分数（Wang et al.，2015）。他们发现两个包含灰质和白质的不同回归模型（regression model）与智力的相关性很显著，但研究没有使用独立样本进行交叉验证，参与者（N =164）年龄6 ~ 15 岁，没有研究性别的影响，研究报告中关于智商测验的说明也缺少细节。他们发现了 15 个与预测相关的脑区，但没有尝试将这些区域整合到 PFIT 模型或者其他任何智力模型中，而且这些区域并未普遍出现在其他智力影像研究中。往好里说，在缺少独立重复的情况下，这些发现是很不可靠的。虽然回归模型令人感兴趣，但要如研究者希望的那样，说这些分析具有预测效度（predictive validity）还为时过早。研究报告最后写道："应该再次强调，我们的研究使用神经影像数据，为婴儿未来智商的预测铺了一条新路，如果需要，父母可以将这当作潜在的指示灯，为子女的教育做准备。"这是对一个潜在商业市场的乐观看法，但此处显然应该更加谨慎。

第 1 章介绍的苏格兰儿童纵向研究仍在进行中，为本书提供了重要信息。研究者们收集了 672 名个体的结构性 MRI 数据，这些人的平均年龄为 73 岁，智力分布范围较广（Ritchie et al.，2015）。他们使用回归方程中的结构方程模型（structural equation modeling），对比 4 个结合了数种不同 MRI 评估的模型，判断哪些结构性大脑特征与智力的个体差异的相关性最强，智力的个体差异以提取自成套认知测验的 g 因素为基础。他们发现，最好的模型大约能解释 20% 的 g 因素差异。在该模型中，全脑体积是对预测差异影响最大的单一指标。白质以及皮层和皮层下厚度，可能引起一定程度的额外差异，但铁元素沉积和微出血不会。未来研究要解决的主要问题是，对其他大脑变量的额外测量，比如胼胝体厚度或功能性变量，是否有可能使预测差异超过 20%。该项目使用了大样本和多重认知测量，因而是一项以老年男女为对象的可靠研究。儿童或年轻成人的研究结果会有什么不一样，还有待通过重复研究和交叉验证研究来解决。

如前文所述，为什么直接预测方法的交叉验证会失败？任意两个变量的相关性，都以每个变量的个体差异为基础。也就是说，相关性的存在前提是个体间必须存在差异。回归方程通常被用于分析所有变量都存在个体差异的分组数据。在智力研究中，也许存在同一套变量的许多种组合，能对任一特定智商做出相同的预测。例如，一组大脑变量也许说明了一个人的智商为130，但另一个智商同为130的人的特征也许是另一组大脑变量。在智商都为130的100个人里，与智力相关的大脑变量组合有多少种？令问题更复杂的是，两名WAIS智商都为130的个体虽然总分相同，但是反映认知强弱项的分测验分数可能非常不同(Johnson et al.，2008a)。相同问题可能独立存在于多个智商水平，因此预测高智商的变量，也许与预测平均或低智商的变量不一样，即使如第2章所述，与各水平智商相关的基因也许是一样的。对于智商预测的最佳变量组合的确定来说，年龄和性别也是非常重要的因素。

另一大困难在于，找不到结构或功能完全相同的两个大脑，连同卵双胞胎的大脑也是不同的。几乎所有的大脑图像分析，在一开始，都会把每个大脑的尺寸和形状标准化，这个标准称为模板。这个步骤，通过制造“平均”大脑，人为地减少了大脑解剖结构的个体差异。为了对“平均”大脑结构的不准确性负责，分析中通常会添加一个将不准确性最小化的步骤。尽管如此，强行将所有大脑标准化，会将错误引入根据影像推测智商的过程中。某些模板法制造的错误比其他模板法更多。以研究男女差异的神经影像为例，是应该按照一个男性模板将男性大脑标准化，同时按照一个女性模板将女性大脑标准化，还是应该按照同一个模板将每个人的大脑标准化？许多神经影像研究使用的标准模板是由分析软件提供的，另外一些研究只以研究参与者为基础制作模板。虽然没有什么方法是永远不会出错的，但这体现了智商预测存在的问题。一项以100具尸体的大脑为对象的研究，突出了这个问题（Witelson et al.，2006）。最大发现是，大脑体积预测了 36% 的言语能力分数差异。然而，年龄、性别和惯用手，对其他解剖特征和不同认知能力之间的回归分析产生了复杂的影响。该研究报告的作者提醒神经影像研究者，要考虑到这些因素。

考虑到这些问题，使用回归方式进行智商预测就不那么直接了。需要使用多少个不同的回归方程？这就是我对此方法持怀疑态度的原因。替代方法或许是使用图表分析（profile analysis）。人格测验常用不同人格量表的分数图表，来描述个体特征。图表被广泛用于人格测验的解释，如明尼苏达多相人格测验（Minnesota Multiphasic Inventory，MMPI）。来自不同子量表的 MMPI 分数可用于回归分析，但是通过分析覆盖所有子量表的个体图表，研究者可以将图表相似的人分到一组，进行组间对比，从而明确与图表类型相关的变量。我们以几个 PFIT 区域的灰质量为基础创建个体图表，来说明如何运用图表分析法预测智力，并尝试将这些剖面图与智商分数联系起来（Haier，2009b）。如图 4. 10 所示，这个说明并不奏效。两名个体智商分数相等，灰质图表却不同。但是，我们正在尝试用图表分析专栏 4. 2 中的 MEG 数据。在未来的大样本研究中，这是一个很有前景的方法。事实上，有一项令人激动的研究，曾使用 26 名参与者在解决完演绎推理问题时的 fMRI 激活模式（包括一些 PFIT 区域），来预测认知表现图表（Reverberi et al.，2012）。分析体现了问题的复杂性，但分析结果证明我的乐观是正确的，个体差异可以成为应对复杂性的办法，而不只是增加复杂性。

智商预测还有另一个潜在应用。如第 1 章所述，用 g 因素定义智力，可以回答许多实证研究问题，但如果我们能够在可量化的大脑测量，而不是心理测量分数的基础上定义智力呢？如果大脑参数能预测智商，那么为什么不根据大脑参数来定义智商呢？比如说，我们不知道如果灰质量增加一倍，个体的聪明程度是否也会上升一倍。我们现在可以研究，如何使用神经测量方法重新定义智力。下一章会探讨未来研究的可能性，到时我们会进一步探索这个想法。

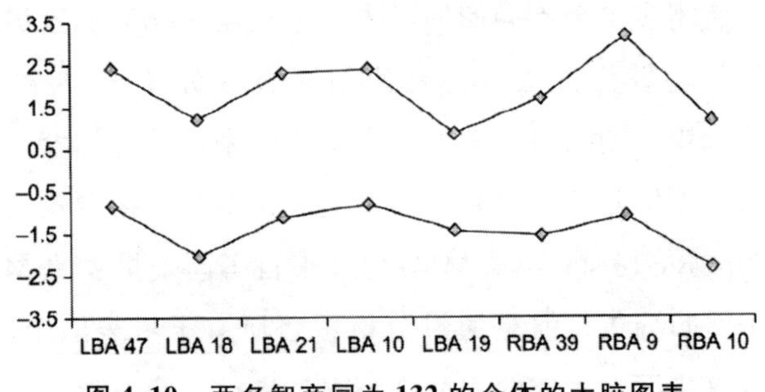

图 4.10　两名智商同为 132 的个体的大脑图表

图表呈现了 8 个以布罗德曼分区编号表示的 PFIT 区域（L，左；R，右）的灰质量。y 轴以标准灰质分数为基础，因此正数代表大于组平均分的值；负数代表小于组平均分的值。尽管两名个体的图表形状相似，但其中一人 8 个脑区的灰质，远多于另一人。(Courtesy Richard Haier)。

那么我们能根据神经影像预测智力吗？简短的回答是，不能。长一点的回答是，还不能。到目前为止，证据权重较为可观，但说服力还不够强。观看不同个体按要求解决同一个问题时的大脑激活模式 MEG 动画（专栏 4.2 中有介绍）。怎么理解这些模式？是否存在一种特定的大脑变量模式，一个统一的神经 g 因素，与心理测量中的 g 因素相关？还是存在多种大脑模式，表明有许多个神经 g 因素（Haier et al.，2009）？目前，我们不知道。但我推测，如果交叉验证法可用于根据神经影像准确预测智商或 SAT 分数，那么许多高中学生的家长将会迫不及待地使用该方法，并游说高等教育机构也这么做。想象一下。

别想了！就在我即将完成本书终稿时，一项引人注目的新研究在 fMRI 的基础上，发现一个人的内在脑区连接模式是稳定的，并且足够独特，可以像指纹一般证明一个人的身份（Finn et al.，2015）。而且，这些“脑纹”还能预测智力。这项研究来自于一个以绘制出人脑中的所有连接为目标的大型合作项目。我在 6.4 节末尾附加了该项研究的详细说明，但此处，我想将能否根据神经影像预测智力的答案，从“还不能”，改成“很乐观”。非常乐观——详见 6.4 节末尾。

4.4　“智力”与“推理”是同义词吗？

这似乎是一个奇怪的问题，但在此时值得注意的是，在研究文献中我们发现了一个反常现象。认知心理学领域内有专门的推理研究。关系推理（relational reasoning）、归纳推理、演绎推理、类比推理（analogical reasoning）和其他类型的推理，是各种研究的主题，包括利用神经影像来识别推理相关大脑特征和网络的研究。反常之处在于，好几项认知神经科学推理研究，都没有使用“智力”一词，通常也未引用相关的神经影像智力研究。这令人难以理解，因为推理测验和 g 因素是高度相关的（Jensen，1998）。事实上，类推测验的 g 负荷量，要高于其他任何心理能力测验。显然，这意味着智力研究的发现对于推理研究来说，具有非常重要的意义，反之亦然。

我认为，一些研究者偏爱使用“推理”而不用“智力”的根源，在于认知心理学领域的一个长期看法，即“智力”一词的争议性过大，必须完全避免。在认知心理学和神经科学领域的书籍中找不到“智力”这个指标，并不罕见。语言很重要。用“推理”代替“智力”愚弄不了任何人，尽管一些出资方可能认为可以。

总体上，神经影像推理研究发现的网络与智力研究发现的一致，但推理研究往往会区分更多信息加工要素和伴随的子网络。这个不同点，对于找出智力因素所包含的不同认知过程的显著要素来说，是重要的、有利的。作为一个极好的例子，一项研究根据流体智力分数将高中学生（N =40）分为高分组和平均组，对比了他们在解决不同难度、需要进行几何类比推理的问题时的fMRI数据（Preusse et al.，2011）。PFIT模型和大脑效率是该研究的部分假设基础。研究者得出的结论是，高智商学生“顶叶区域的任务相关活动更强烈，另一方面，额叶区域的激活情况与智力呈负相关……我们展示了大脑激活和流体智力的关系并不是单向的，相反，当参与者在执行几何类比推理任务时，流体智力对额叶和顶叶区域的调节是不一样的”。该项研究中关于智力和推理的发现，证实了解释方面的丰富可能性，并推动了该领域的发展。

另外两篇有趣而优秀的fMRI论文研究了类比推理，尽管二者都没有提到智力。两篇论文都发表在《实验心理学杂志：学习、记忆和认知》（*Journal of Experimental Psychology*：*Learning*，*Memory*，*and Cognition*）的“类比推理和隐喻理解的神经基底”（the neural substrate of analogical reasoning and metaphor comprehension）专栏里。（该专栏发表的其他6篇论文中，只有一篇提到了智力。）第一项研究以23名男性大学生为样本，利用类比产生任务，在左侧额极皮层（left frontal-polar cortex）的一个区域，发现了与假设一致的大脑活动（Green et al.，2012）。探索性分析发现了更多看似与 PFIT 模型相符的分散活动，但在论述中，他们将这些发现与创造力联系在了一起，而不是智力。我们之前介绍过的脑损伤研究（Glascher et al.，2010），也发现了左侧额极皮层与 g 因素的相关性。同样，第二篇文章论述了以 24 名卡耐基梅隆大学本科生（男女混合）为样本，利用隐喻理解任务，进行的系统化的类比映射（analogical mapping）研究（Prat et al.，2012）。研究发现了与 PFIT 模型和大脑效率相符的激活情况，尽管没有提及其他研究关于 PFIT 或智力与效率的发现。这两项研究为推理研究文献作出了可靠贡献，但基本上完全被智力研究文献忽视了。

我认为，推理研究报告至少应该将“智力”作为一个关键词，放在索引中，在论述大脑与推理之间的关系时，应该确认推理测验与智力之间的联系。智力研究也应该以相同的态度对待推理研究。此外，越来越多的研究发现，根据所选对象的智商分数水平的不同，认知和影像实验的结果或许会发生显著变化（Graham et al.，2010；Preusse et al.，2011；Perfetti et al.，2009）。使用 MEG 等新型成像技术，研究者或许能更加详细地分析推理和解决问题过程中的信息流，尤其是当研究设计包含不同智力水平时。精通认知研究的推理研究者，与精通心理测量的智力研究者增加合作，是合并这两类传统实证研究的最佳途径。

4.5　大脑结构和智力的共享基因

在第 2 章，我们介绍了与智力相关的数量和分子遗传学发现，但推迟了对遗传学智力研究的介绍，包括神经影像研究。既然用于智力研究的神经影像已经介绍过了，那么我们来探讨一下，遗传学方法和神经影像方法在智力研究中的强大组合。

对特定基因的搜寻还在继续，最新、最具说服力的数量遗传学双胞胎智力研究的范围，已经超出了是否存在遗传因素这样的简单问题。研究者聚焦于遗传因素对大脑产生了那些影像，哪怕还没有找到任何特定基因。保罗·汤普森和同事首次在双胞胎研究中采用 MRI 技术，评估并绘制皮层灰质体积的遗传性，并将其与智力联系起来（Thompson et al.，2001）。他们研究了 10 对同卵双胞胎和 10 对异卵双胞胎组成的小样本。以双胞胎之间的相似度为基础估测遗传对灰质体积的影响，各个脑区出现了不一样的结果，这在当时是一个令人意外的发现。受遗传影响最大的区域，是额叶和顶叶皮层。另外，从统计上看，智商分数和额叶灰质的相关性是显著的。以智商测验和双胞胎神经影像的独特组合为基础，提供了独特的证据，支持了过去许多研究者的猜想：智力的个体差异，至少在一定程度上，归因于大脑结构的遗传性，很确切地说，是皮层灰质体积的遗传性。尽管样本较小，该研究发现仍然被著名杂志《自然－神经科学》（*Nature Neuroscience*）发表，突出了它的重要性。同时发表的一篇评论指出，高遗传率表明，经验对灰质发育的影响，明显比人们预料的更低（Plomin & Kosslyn，2002）。

荷兰研究者使用更大的双胞胎样本，发表了一系列非常具有说服力的研究发现。第 2 章探讨共享和非共享环境对智力的影响时，我们介绍了他们的一些发现。现在，我们会概述更多更重要的 MRI 发现，这些发现表明智力和大脑结构受到相同基因的影响。2002 年，同样是在《自然－神经科学》上，他们发表了关于灰质、白质遗传率和智力的发现（Posthuma et al.，2002）。灰质和白质的预测遗传率都较高，全脑白质的遗传率稍稍高于全脑灰质的遗传率。此外，通过对比同卵、异卵双胞胎，研究者发现，灰质体积和一般智力的相关性完全归因于遗传因素。后来，他们增大了双胞胎样本，以提高统计效力，研究灰质、白质和小脑体积与不同智力因素的相关性（Posthuma et al.，2003a）。三种结构的体积都与工作记忆容量相关，并涉及共同的遗传基础。信息加工速度与白质体积之间存在遗传上的联系。知觉组织和小脑体积之间，既存在遗传上的联系，也存在环境上的联系。言语理解与这三种体积都没有关系。该研究团队还证明了，特定脑区的灰质和白质的遗传基础与智商相同（Hulshoff-Pol et al.，2006）。

荷兰研究者以 112 对 9 岁双胞胎为样本（van Leeuwen et al.，2008），发现了相似结果，反映了在正在发育的大脑中，智力受到的早期遗传影响。一项纵向成年双胞胎 MRI 研究，分析了皮层厚度在 5 年内的变化，发现皮层变化程度（或称为可塑性）有强大的遗传基础（Brans et al.，2010）。变化与智商相关。较高的智商与逐渐变薄的额叶皮层，以及逐渐变厚的海马旁回（parahippocampus）相关，海马旁回是颞叶内的重要大脑结构，与记忆密切相关。实际的皮层厚度变化量只有 1 毫米的一小部分，但少量大脑组织也能起到重要作用。在上一章，我们提到一项研究发现童年早期皮层变薄与高智商相关（Shaw et al.，2006）。这项关于智商和大脑额叶、海马旁回可塑性的成人双胞胎研究推断，两个变量可能有共同的遗传基础。这是一项与众不同的、涉及皮层下海马旁回的新发现，因为大多数研究都聚焦于大脑皮层。另一项 MRI 研究利用荷兰双胞胎数据，研究了几个皮层下区域的体积是否与智商相关。只有丘脑——重要的脑回路连接中心——的体积与智商相关，表明两者涉及共同的遗传因素。（Bohlken et al.，2014）。虽然好几项研究都发现了皮层厚度与智商的相关性，但是也有一项研究以 515 对中年双胞胎为样本，对比了皮层厚度和表面积测量结果，发现皮层表面积与认知能力和相关基因的相关性或许更强（Vuoksimaa et al.，2015）。这是一个不断变化的领域，新的数据分析法准确性更高，不断拓展之前的研究发现。这些方法提供的关于智力的发现大多一致，有助于形成基因和大脑结构方面的证据权重。

考虑到遗传率，以及我们在本章和上一章提到的 DTI 研究结果（见图 4.3 和图 4.2），白质完整性就成了智力研究的一个重点。汤普森团队以 46 对澳大利亚双胞胎（23 对同卵双胞胎，23 对异卵双胞胎）为研究对象，使用 DTI 技术，量化了一个衡量白质纤维完整性的参数，这个参数叫作分数各向异性（fractional anisotropy，FA）（见第 3 章）。他们绘制了皮层各区域的 FA 遗传率，发现最大值出现在（两侧）额叶和顶叶，以及左半球枕叶（Chiang et al.，2009）。智商分数（总智商，操作智商，言语智商）与特定神经束相关（越完整，智商越高），研究也绘制出了这些相关性。在**交叉性状图**（cross-trait mapping）的基础上，研究者推断，共同遗传因素影响了智商和 FA 的相关性，表明智商和 FA 与共同生理机制有关。当数据以图谱形式展示时，结果是很有说服力的。图 4.11 展示了遗传、共享和非共享环境的 FA 差异的分布情况。图 4.12 展示了总智商的交叉性状图。2011 年，中国团队拓展了这些发现。研究者使用 705 人的大样本，包括双胞胎及其非双生兄弟姐妹，研究了年龄、性别、社会经济地位（SES）和智商对 FA 参数遗传率的影响（Chiang et al.，2011b）。各个脑区的互相影响比较复杂，但总的来说，遗传对青少年的影响大于成年人，对男性的影响大于女性，对社会经济地位较高、智商较高的人影响更大。

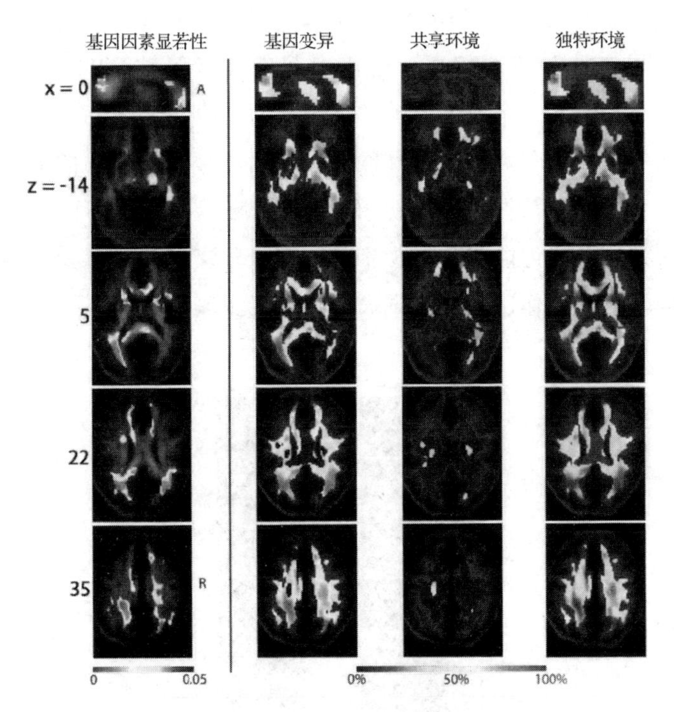

图 4.11　白质完整性所受的遗传影响

（以分数各向异性，FA，为测量标准）

每排显示一种不同的脑部轴向图（水平切片）。亮色代表受影响程度最大。左边一列显示遗传影响的显著性。其他列分别显示遗传、共享和非共享环境的 FA 强度。（Adapted with permission, Chiang et al. , 2009, figure 4）。

如上一章所述，施米索斯特和同事在早期 DTI 智力研究中，发现了年龄和性别差异。一项全面的 DTI 研究，以 1070 名 6 ~ 10 岁荷兰儿童为样本，支持了施米索斯特的发现，并进一步发现了 FA 与非言语智力和视觉空间能力的相关性（Muetzel et al. , 2015）。一项持续 3 年的纵向研究，以青少年少胞胎和他们的非双胞胎兄弟姐妹为样本，使用 DTI 技术和图分析，绘制了白质纤维完整性的遗传率（Koenis et al.，2015）。用 FA 评估的白质网络效率，具有高遗传率，遗传引起的差异高达 74%。此外，该研究还提供了一个令人激动的关于智力的发现。智商在 3 年间有变化的个体，分数的上升与额叶、颞叶局部网络效率的提高相关。图 4.13 展示了这些发现。研究者推测，找到提高白质网络效率的方法，或许能优化青少年的认知表现。大多数青少年的父母都会愿意为此作出任何尝试。大多数青少年也一样。

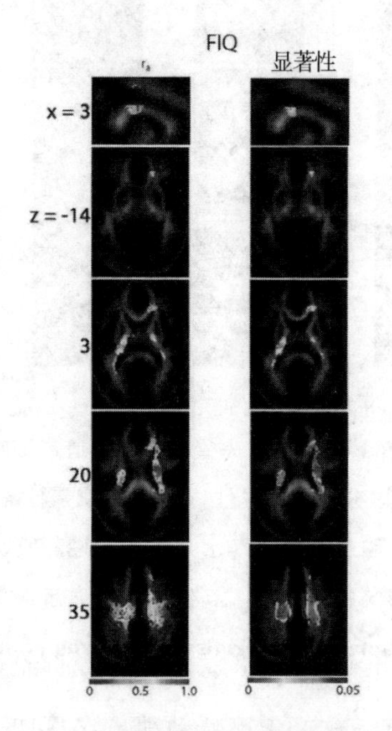

图 4.12　以图 4.11 所示区域的交叉性状分析为基础，影响 FA 和 FSIQ（左列）的共同遗传因素的重叠

右边一列显示统计显著性（statistical significance）。每一排显示一种不同的轴向（水平）大脑切片。（Adapted with permission，Chiang et al.，2009，figure 7）。

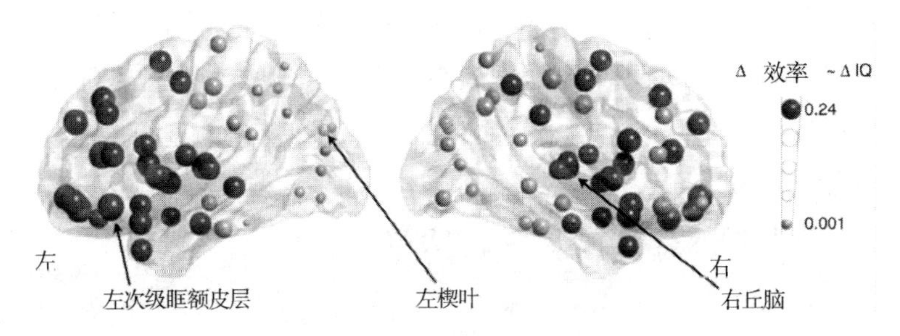

图 4.13　3 年间智商分数的变化，
与通过 FA 测量的局部网络效率变化的相关性

最大的深色球体，代表智商变化与效率变化之间的最强相关性。（Adapted with permission Koenis et al.，2015）。

现在同领域的研究非常多，以至于我们很容易感到混乱。简要地说一下情况。基因影响大脑网络和智力。在发现特定基因及其表达之前，我们不能直接区分基因影响大脑形态学测量从而影响智力，还是影响智力从而影响大脑形态学测量。也有可能，大脑形态学测量和智力都受到许多基因的影响（多效性），其中只有一部分基因是两者共享的。

本章到目前为止的内容表明，随着多元统计方法投入使用，神经影像的定量分析已经变得非常复杂。遗传数据的定量分析也很复杂。从事这方面研究的团队里，不仅有影像学专家和遗传学专家，还有数学家。智力作为研究主题的吸引力不断上升，智力研究专家也渐渐成为这些团队的成员。虽然要在本章总结神经影像和数量遗传学领域的共同研究结果，同时避免过于简化，是一项具有挑战性的任务，但至少应该让读者清楚地认识到该领域的进展和激动人心的事件。我们已经远离了早年关于智力的个体差异是否受遗传影响的争议。接下来面临的挑战，是解释神经影像分析的复杂性，与之结合的分子遗传学分析甚至更复杂。细节的解释可能很难，而且字母和数字结果的基因命名法似乎也不合理。但重点是，分析结果振奋人心，表明寻找智力基因的研究已经有了进展。

4.6 大脑影像和分子遗传学

结合神经影像和遗传学分析的研究有很多，因此我们要从中选择最能说明研究进展的。我们继续介绍蒋（Chiang）和同事发表的系列论文。在一项关于双胞胎和他们的非双胞胎兄弟姐妹，共计 455 人的 DTI 分析中，研究者发现了白质完整性与 ValMet 多态性相关，ValMet 多态性与 BDNF 相关，BDNF 是与正常神经元功能有关的大脑发育因子。他们指出，BDNF 通过调节某些纤维束中的白质发育，或许与一些智力表现间接相关（Chiang et al.，2011a）。在另一篇论文中，该团队对白质连接的遗传性是智力的基础这一观点进行了验证（Chiang et al.，2012）。他们以新奇的方式，集中使用影像分析帮助寻找与大脑连接度及智力相关的特定基因。我们在前文中提过，2009 年，他们发现白质束完整性和智力受到相同基因的影响，研究基础是二者遗传率的交叉性状图。他们使用 DTI 技术和 472 人的 DNA 数据，拓展了原来的研究，这 472 人的样本由双胞胎和他们的非双胞胎兄弟姐妹组成。基本思路是根据变量的相似度，将变量分成群组。首先，将白质纤维中的数千个点聚集在一起，以寻找具有共同遗传决定（genetic determination）的大脑系统。如前所述，白质的测量标准是 FA。接着，他们使用一次基因组扫描中的 DNA 和网络分析，来寻找与主要白质束的白质完整性相关的基因网络。一些白质网络中心的 FA 与智商分数相关。这项分析的结构比较复杂，

2012年，他们在研究报告中的列出了14个特定基因，以及已知的每个基因的功能。我们在此引用他们的表格（表4.1），以说明智力与大脑功能在分子层面的潜在联系，尽管表中的词条都还没有在研究中重复过。这类研究说明了理解基因功能的复杂性，以及未来智力研究的主要方向是神经科学研究。这些发现与其得到实际运用的中间还隔着很长一段距离。但是，如果这些发现在研究中重复，智力相关基因及其功能的明确，就会指向能提高智力表现的潜在机制，如果能在大脑发育的恰当阶段，控制遗传对功能性分子活动的影响，就有可能达到提高智力的目的。这包括控制更多大脑结构受到的一般遗传影响，比如可能间接影响到智力的白质完整性（Kohannim et al.，2012a，2012b）。我们会在第5章进一步探讨智力的提高。

表4.1　可能与智力相关的基因，它们的染色体数目和功能

ACNA1C	钙通道，电压依赖性，L型，α1C亚基	12	电压敏感钙通道
CTBP2	C－末端结合蛋白2（C－terminal binding protein 2）	10	编码突触带（synaptic ribbon）的一个主要组成部分
DDHD1	DDHD结构域1（DDHD domain containing 1）	14	可能是一种水解磷脂酸的磷脂酶
DMD	抗肌萎缩蛋白（dystrophin）	X	连接细胞外基质（extracellular matrix）和细胞骨架（cytoskeleton）
FAIM2	Fas凋亡抑制分子2（Fas apoptotic inhibitory molecule 2）	12	抑制Fas引起的细胞凋亡
FHAD1[a]	叉头相关（FHA）磷酸肽（phosphopeptide）结合域1	1	

续表

GRM8	谷氨酸受体，代谢型 8（metabotropic 8）	1	编码谷氨酸盐受体
HADH	羟酰基辅酶 A 脱氢酶（Hydroxyacyl - CoA dehydrogenase）	4	短链脂肪酸的线粒体 β 氧化（mitochondrial beta - oxidation of short - chain fatty acids）
KAZN	Kazrin	1	细胞黏附和细胞支架组织
LPIN2	脂类 2（Lipin 2）	18	控制脂肪酸的新陈代谢
OPCML	阿片样物质结合蛋白/细胞黏附分子样蛋白（opioid - binding protein/cell adhesion molecule - like）	11	在酸性脂质出现时结合蛋白；可能参与细胞接触（cell contact）
SCN3A	钠通道，电压门控，III 型，α 亚基	2	调节可兴奋膜（excitable membrane）电压依赖性钠离子可渗透性
SYN3	突触蛋白 III	22	可能参与神经递质释放和突触发生的调节
SYT17[a]	突触结合蛋白 XVII	16	

本表信息来自 NCBI 基因数据库（www. ncbi. nlm. nih. gov/gene）和魏兹曼科学院（Weizmann Institute of Science）的 GeneCards 数据库（www. genecards. org）。

[a] 两个数据库里都没有与这个基因的功能有关的信息。

在分子遗传学研究的迅速发展中，下一项重大进展，是通过研究大脑疾病和正常认知的世界性多中心合作，聚集起庞大样本。我们在 2. 6 节做过一些介绍。这些研究团队及其发表的成果是后勤、政治和科学上的巨大成功。规模最大的一项研究是“通过元分析推动神经影像遗传学发展”（Enhancing Neuro Imaging Genetics through Meta - Analysis），简称 ENIGMA。其中一篇论文公布，研究者们发现智力的个体差异与 HMGA2 基因的一个变异相关，HMGA2 基因与大脑尺寸相关（Stein et al. , 2012）。他们的发现样本和重复样本包括数千名参与者，除了认知测验和 DNA 检测以外，这些参与者还都完成了神经影像扫描。在其他研究中，这一发现只解释了一小部分智力差异，但这表明“在 DNA 的草堆里寻找基因这根针”的努力，已经取得了决定性的胜利。

另一个团队使用 ENIGMA 研究的部分数据，和来自欧盟 IMAGEN 项目联盟的数据，以 1583 名 14 岁青少年为样本，研究了基因与用 MRI 测量的皮层厚度之间的联系（Desrivieres et al.，2015）。皮层厚度的测量与灰质体积的 VBM 测量相比，具有一些技术优势，而且在具有代表性的儿童和青少年样本中，研究者已经发现皮层厚度与智力相关（Karama et al.，2009，2011）。这份 IMAGEN 报告，首先研究了皮层厚度和近 55000 个 SNP 之间的关系。有一个变异（rs7171755）与更薄的左侧额叶、颞叶皮层相关，在一个较小的子样本中，还与 WAIS 分数相关。研究者进一步发现，这个变异影响着 NPTN 基因的表达，与保持突触健康所需要的一种糖蛋白的产生密切相关。这个发现说明突触活动可能影响大脑皮层厚度的发育，从而可能影响智力。中间涉及的一连串步骤自然很复杂，但这是一个有限的问题。推出这些发现的分析方法及其复杂性，对先进的技术背景提出了要求。但仅是这一段概述和 2.6 节总结的研究，也能说明寻找特定基因已经变成了多么复杂的研究。

这些研究都证明，找到可能对智力有较小影响的许多个基因，并不是一项不可攻克的挑战。一旦取得更多进展，就可以研究个体基因的表观遗传学效应，但目前的数据还不足以用来验证特定的表观遗传学假设。至少，这些非常大的样本表明了 DNA 与智力测量相关，关于遗传对智力的影响，任何怀疑都应该因此消失。再次牢记我们的三条法则：与大脑有关的故事都不简单；

没有哪一项单独的研究是决定性的；梳理矛盾的、不一致的研究发现，建立证据权重，是需要花很多年才能完成的工作。本章概述的研究表明，在理解与智力的遗传性有关的复杂问题方面，研究进展的速度很快。

在第3章，带着“智力在大脑中的哪个位置”这个问题，介绍了我们的1988年PET研究报告。近30年过去了，神经影像正丰富着可用于回答这个问题的数据，而这个问题本身也变得越来越完善。与神经影像相结合的遗传学研究，开始发现与智力个体差异有关的特定大脑机制。以理解智力为目标的神经科学研究，拥有坚实的基础，随着神经影像和遗传学技术方法的发展，正在迅速发展。在这样的背景下，我们可以思考如何用大脑参数来预测甚至定义智力。同样，随着实证研究的发展，我们可以思考如何控制大脑机制以提高智力，这是下一章的主题。

本章小结

- 新型神经影像方法，尤其是图分析，揭晓了与智力测验分数相关的结构性和功能性大脑网络。
- 总体上，许多智力研究都发现了与PFIT模型一致的大脑网络，并提出了可供参考的修改意见。
- 虽然许多研究都发现了大脑测量与智商分数之间的相关性，但因为各种原因，根据神经影像预测智力还无法得到落实，不过这方面的研究仍然取得了令人激动的进展。
- 总体上，神经影像推理研究的发现与智力研究一致，尽管许多推理研究都避免谈论任何共同点。精通认知研究的推理研究者和精通心理测量的智力研究者增加合作，是合并两类传统实证研究的最佳途径。

- 数量遗传学和神经影像相结合的研究，发现大脑测量的个体差异和智力之间存在共同基因。
- 分子遗传学和神经影像相结合的研究，发现了特定基因，以及可能影响个体智力差异的相关大脑机制。

问题回顾

1. 最能说明智力与分散在大脑中的多个区域相关的证据是什么？
2. 测量大脑效率的不同方法有哪些？
3. 哪种大脑测量与智商分数的相关性最强，为什么这种测量不足以使研究者根据神经影像预测智商？
4. 为什么类比推理研究与智力研究是相关的？
5. 解释数量遗传学如何结合神经影像，推动智力研究发展。
6. 分子遗传学和神经影像的结合，如何推动了智力基因的寻找工作？

拓展阅读

"Where smart brains are different: A quantitative meta-analysis of functional and structural brain imaging studies on intelligence" (Basten et al., 2015). This is the most recent comprehensive, technical review of neuroimaging studies of intelligence.

"What Does a Smart Brain Look Like?" (Haier, 2009b). Written for a lay audience, this is an overview of the PFIT of intelligence and what imaging studies may mean for education.

"Genetics and intelligence differences: five special findings" (Plomin & Deary, 2015). Latest review of key genetic findings related to intelligence and what they mean.

"Rich-club organization of the human connectome" (van den Heuvel & Sporns, 2011). This is a technical article for readers wanting more detail on rich clubs and brain connections revealed by graph analysis.

第5章 圣杯：神经科学能提高智力吗？

我们在比克曼大学为这个项目而努力，修复了自然所造成的一个错误，并用新型技术创造了一个出类拔萃的人，这令我们感到满意。

虚构人物尼玛教授（Professor Nemur）在心理学大会上发表了这条评论，他介绍了他如何将一个智力发育迟缓者的智商提高到超级天才的水平。

Flowers for Algernon，Keyes，1966

我懂工夫。

——在科幻电影《黑客帝国》（*The Matrix*）里饰演尼奥（Neo）的基努·里维斯（Keanu Reeves），直接往大脑里上传了一个搏斗学习程序，几秒钟后，1999

每天一片让我永无止境……我没吸毒，我没醉，我清醒着。我知道我需要做什么，要怎么做……我用45分钟读完了布赖恩·格林的《优雅的宇宙》，而且完全读懂了！

——电影《永无止境》（*Limitless*）里的两个角色，服用了一颗智商药丸后，2011

学习目标

- 为什么“证据权重”概念对于提高智力来说尤其重要？
- 哪些声称可大幅提高智商的研究被证明是错误的？举 3 个例子。
- 以提高智商的研究为背景，阐释“转移”（transfer）概念。
- 哪 5 种脑刺激（brain stimulation）法或许能影响认知，不管能不能提高智商？
- 关于用药物增强认知的 6 个道德议题是什么？

概　述

佐治亚州州长为什么要求州议会为每个新生婴儿买一张古典乐 CD？为什么要学记越来越长的无序数字串？为什么资金有限的学校要购买昂贵的电脑游戏，让学生在课堂上玩？将智商提高 17～40 分的 5 个、7 个或 10 个最好的窍门是什么？

本章讲到的提高智力的可能性，包括有意义的和无意义的。好消息是，在理解大脑相关机制，包括会受各种方式影响的机制的基础上，神经科学也许能在某一天提供方法来提高智力。坏消息是，我们目前已知的提高智力的方法，都是不可信的、错误的，或者是误传。这些宣称并不只是来自于网络，或者来自没有科学专长的作者写的书。有一些是出自经过同行评审、发表在权威科学期刊上的研究论文。为什么会这样？

高智商比低智商好，没有人会认真地表示不同意。所有智力研究都直接或间接地以提高智力为目标。这是一个很有价值的目标，找一个智商偏低或有认知障碍的学生，问其父母便知。不管怎么说，所有家长都会为了自己的孩子将此视为首要目标。也许有一些人对变聪明不感兴趣，但这样的人我一个都不认识。达成提高智商的目标，需要理解智力因素是什么，如何进行最好的测量，它们如何发展，它们与特定大脑机制的关系是什么，以及这些机制的可塑性。提高智商的尝试已有漫长的历史。我无法为此提供证明文件，但我怀疑炼金术师、古代建筑工人，甚至早期神秘主义者，都对这个主题感兴趣。到目前为止，现代科学努力还没有取得可观的成功，这里的“成功”意味着，在用设计完善的研究对智力进行复杂评估的基础上，做出经得起时间考验的实证研究，并可使其结果独立重复。

在第 1 章，我们提到了智商分数不在比率量表上，这是一个重要的测量问题，导致干预前后的分数变化几乎不可能得到解释。重申一遍，智商分不是与“英寸”或“磅”同类的测量单位。本章要回顾的研究，基本上都忽视了这个智力提高所面临的核心问题。在第 2 章，我们介绍了致力于提高智商的补偿性和童年早期教育计划的失败。这些计划也许取得了其他积极成果，但是从智商或其他心理测验来看，证据权重没有为任何声称智力得到提高的言论提供支持。有一个假设认为，在很大程度上，这些失败要归因于遗传对智力的影响，第 2、4 章介绍的许多研究证明了这一点。尽管如此，研究者显然没有因为过去的失败和固有的测量问题而气馁，或者并没有认识到这些问题，科学文献中，仍有一些新的研究报告声称可以大幅提高儿童和成人的智商分数。我们将论述其中 3 个结论，弦外之音是“不要让这种事发生在你身上”。这些结论是，以古典乐、记忆训练和计算机游戏为基础提高智商。通过说明这些结论为什么值得怀疑，我希望你能对未来那些所谓的突破性或里程碑式的成果具有抵抗力。在这些告诫性的个案研究之后，我们会探讨同样值得怀疑的、据称能提高智商的药物。接下来，我们将介绍用神经科学手段提高智力的可能性，它测试了科学和科幻的边界，令人激动。

5.1 个案1：莫扎特和大脑

莫扎特死于1791年，却在202年之后风靡一时。事情起源于刊登在著名科学杂志《自然》上的一封短信。这封信宣称，听一首特定的莫扎特奏鸣曲，持续听10分钟，可以让智商暂时提高8分（Rauscher et al.，1993）。8分大约为半个标准差，就仅仅10分钟的干预来说，这是一个立竿见影的效果。智力研究者立刻感觉到这听起来不像真的。虽然不是真的，但令人讶异的是，大众的热情持续了6年，直到一篇重要评论发表，才开始减弱（Charis，1999）。又过了11年，一篇题为“莫扎特效应—沉默的莫扎特效应：一项元分析”的全面评论文章（Pietschnig et al.，2010）发表后，这个言论才终于消沉。标题说明了文章的内容。这个言论盛行了17年，在此期间，莫扎特和其他古典乐CD的销量不可计数，消费者期望着仅凭听这些音乐就可以提高智商。学校音乐课程得到支持，音乐课增加了新的教学理论。高中科学展览项目对“莫扎特效应”进行了各个方面的研究，研究对象通常是朋友和家人，这样的例子可以一一列举。平心而论，这些都算不上是糟糕的后果。除了少数手风琴课受影响以外，没有谁因此受到伤害，但也没有谁的智商因此提高。

1993年发表的最初研究报告，是以36名大学生的3次抽象推理能力测验为基础得出的，每次测验前，这些学生都要体验一种不同的情景，时间为10分钟。这些推理测验是出自斯坦福-比内成套智力测验的3项不同测验。3种实验情景分别是听双钢琴演奏的D大调莫扎特奏鸣曲，听让人放松的磁带，听寂静

(我知道你不能听寂静，但我需要使用排比)。体验过每种情景后，参与者被要求接受一项测验。听完莫扎特后，标准测验分数是57.56。统计结果表明，这个分数高于放松情景后的54.61分和寂静情景后的54.00分。这几个标准测验分数分别被转换为空间智商分数119、111和110，如图5.1所示。报告作者称："因此，参与者在音乐情景中的智商，比他们在其他情景中的智商高出8~9分。"他们还注意到，智商提高的效果在测验中只持续了10~15分钟。他们提倡进一步研究听音乐与测验之间的间隔时间，听音乐时间的变化，对其他智力和记忆测量的影响，其他音乐作品和风格，以及音乐家和非音乐家之间可能存在的差异。提高智商的莫扎特效应，伴随着数不清的科学展览项目，就这样诞生了。

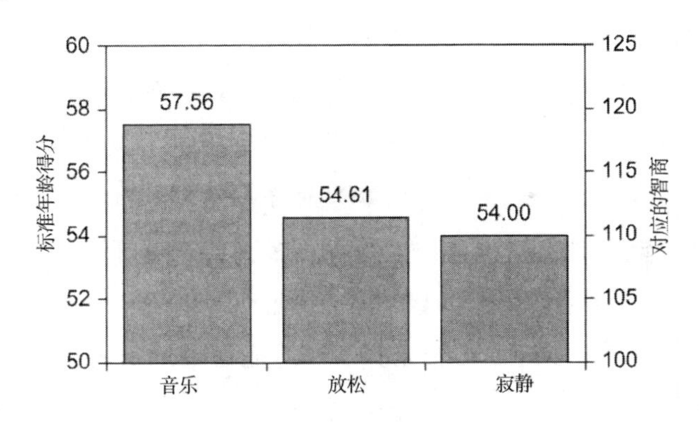

图5.1　展示莫扎特效应的条形图

听了10分钟莫扎特、放松磁带或寂静后的空间智力测验分数和对应智商(y轴)。每种情景使用的测验和参与者都不同。(Reprinted with permission Raucher et al., 1993)。

不管为《自然》杂志做同行评审的是谁，他们显然没有意识到，3项不同的推理测验彼此相关，在此基础上，将它们视为同等的抽象推理测验，是非常糟糕的设计。他们也没有对参与者的智商或音乐专长和能力之类的信息作出规定。最令人苦恼的是，将个体测验分数转化成智商分数，并宣称智商提高了 8 分，在心理测量学上，是非常不成熟的做法，如第 1 章所述。可以说，这项单个实验、单个样本、结果不凡的研究，并没有不凡的证据作支撑，所以说，要发表还为时过早，尤其是在《自然》上发表。

虽然研究者聚焦于空间智商，但是随后的媒体报道并没有这么具体，莫扎特效应被广泛地理解为可以提高总体智商的效应。除了媒体报道以外，当时的一些智力研究者也抓住一切可以证明智商极容易改变的发现，用作证据，反驳遗传对智力的影响。《自然》发表的报告还响应了人们想以相对较小的代价和零风险，对智力进行较大提高的愿望。据《纽约时报》（1998 年 1 月 15 日）上的一篇文章报道，佐治亚州州长泽尔·米勒（Zell Miller）提议，每年花 105000 美元的州预算，为近 10 万名新生儿购买古典乐磁带或 CD（iPod 当时还没有推出）。为立法者做预算演讲时，这位州长播放了一段贝多芬的《欢乐颂》，并问在场的人："你们不觉得自己比刚才更聪明了吗？"他还说，从他自己的成长经历来看，"音乐家不仅是能摆弄乐器的人，还是优秀的机修师"。《纽约时报》的文章还引述了一位怀疑者说的话："我认为，我太了解那些发现了"，多伦多大学的心理学教授桑德拉·特里豪布（Sandra Trehaub）说，"当前，我们还没有清楚明白的证据。以为吞一片药、买一盘磁带或一本书，或者有某种特定的经历，就能考上哈佛或普林斯顿大学，这是一种幻想。"我注意到，她没提耶鲁。

研究发现的独立重复，是科学研究中最重要的一部分。人们开展了更多关于莫扎特的研究。最初研究发表 5 年后，《自然》杂志刊登了两封重要来信，和原研究报告第一作者的回应(Chabris，1999)。第一封信来自克里斯托弗·查布里斯博士(Dr. Christopher Chabris)，是关于 16 项莫扎特效应研究的元分析，涉及 714 名参与者和多种推理测验。这类分析会将各项研究结果结合起来。总体上，莫扎特效应对一般智力的影响非常小，对空间 -时间测验的影响稍微大一点。他也将个体测验分数转换成了对应的智商，发现一般智力提高了 1.4 分，空间 -时间推理分数提高了 2.1 分。我们说过，这种转换始终是不可信的，但它们还有一个小用途，即说明了莫扎特效应的影响有多微不足道，因为在所有心理测验中，如此小的分数波动都可能是标准测量误差引起的。查布里斯推断，这些小波动可能是愉快经历，如听莫扎特激发的积极情绪的作用。他的说法是，愉快经历提高了大脑的觉醒程度，尤其是处理空间 -时间信息的右脑的觉醒。第二封信来自肯尼思·斯蒂尔博士（Dr. Kenneth Steele）及其同事，叙述了重复 1993 年实验发现的彻底失败。他们的部分结果表明，听了莫扎特之后测验表现反而不如之前。作为回应，劳舍尔博士(Dr. Rauscher) 指出，最初的报告并没有断言听莫扎特能提高智力。她声称当初的结论，仅限于涉及心理意象（mental imagery）和时间排序（temporal ordering）空间 -时间任务。她指出，在查布里斯的元分析中，只使用了空间 -时间测验的少数研究，的确表明参与者的智商在听了莫扎特之后提高了，她批评了查布里斯的愉悦唤醒假说。她还批评，斯蒂尔团队的研究并不是真正的重复研究。她承认独立研究的结论的确存在不一致，最后说道："不能因为一些人无法让面团膨胀，就否定'酵母效应'的存在。"

劳舍尔博士澄清了重要的一点，她指出，提高一般智力的结论是对原报告的误解，这是正确的，但在一定程度上，这种误解是由原报告中“对应智商”这个数轴标注（图 5.1）引起的。此外，大学发布的新闻稿再加上《自然》杂志的发表，也是误解产生的原因。我拿到的稿件副本（直到美国东部夏令时时间 1993 年 10 月 13 日下午 6 点才发稿），开头公布了关于“空间智力”有关的发现，但之后引述了研究者的话：“因此，参与者在音乐情景中的智商，比他们在其他情景中的智商高出 8～9 分。”应该更清楚地区分空间智力和一般智力。1999 年，《自然》杂志发表上述争论之后，各种心理能力测验中的莫扎特效应，继续引发争议。更多互相冲突的、不一致的研究结果得到发表。

另一项规模更大的元分析在 2010 年发表，被广泛地视为是最后一击（Pietschnig et al.，2010）。这项全面的分析，覆盖了 40 项研究，所涉及的参与者超过 3000 人。该分析的一个重要特征，是涵盖了尚未发表的研究，因为结果呈阴性的研究通常难以发表，这导致文献总体偏向结果呈阳性的研究。另一个特征是将 1993 年原报告作者的研究，与其他研究者的研究分离开，进行分析对比。该分析表明，莫扎特音乐对空间任务表现的影响较小，其他音乐情景的影响几乎一样小。对未发表的研究进行分析后，这个影响进一步变小。对原研究者开展的研究进行的分析，与对其他研究者开展的研究进行的分析相比，结果显示的莫扎特效应更明显，表明与研究有关的因素影响了研究结果。元分析作者得出结论：“总的来说，几乎没有任何证据表明，听《莫扎特奏鸣曲》能提高空间任务表现。”该元分析论文的标题说明了一切，“莫扎特效应——沉默的莫扎特效应”。

不管佐治亚州的新生儿是否领到他们的 CD，公众对 1993 年

《自然》杂志报告的理解，都远远超出了研究者的预期。最初的研究在我所在的大学开展，得到了有名的学习记忆中心（Center for Learning and Memory）的支持，而且我还认识其中一位年长的研究者，戈登·肖博士（Dr. Gordon Shaw）。虽然在研究发表之前，我对其一无所知，但是研究发表后，我们进行了许多次友好的交流。作为一位专业物理学家，戈登·肖博士对大脑以及问题解决很感兴趣，辞世之前，他正在建立将乐谱的复杂性与认知联系起来的理论。人们对最初发现和一般智力的误解广泛传播，这让他感到遗憾，但他依然相信音乐与认知之间存在积极联系。大量研究为这一观点提供了支持，他与劳舍尔博士的合作激发了人们对这一研究领域的兴趣。不管听音乐和音乐训练有多少好处，提高智力都不在其中，不管是一般智力还是空间智力。对于任何宣告某种干预会让智商大幅提高的研究者来说，莫扎特效应都具有警示性。遗憾的是，人们没有牢记这些教训，类似结论依然层出不穷。

5.2　个案2：你必须记住这个，这个，这个……

关于提高智力，另一项与众不同的研究结果，被当作《美国科学院院刊》（*Proceedings of the National Academy of Sciences*, PNAS）的封面文章发表（Jaeggi et al.，2008）。这篇研究没有提到莫扎特，但它表示，对困难的工作记忆任务进行训练，流体智力测验的表现会“大幅”改善。如第1章所述，流体智力（通常用Gf表示）与g因素高度相关，许多智力研究者将二者视为同义词。此外，这个令人意外的发现，被两方面的观察数据加强：训练量越大，作用越大，体现了一种剂量反应（dose response)；该作用是由记忆训练任务转移到一项“完全不同”的抽象能力测验中。作者总结道：“因此，与以前的许多研究不同，我们认为不练习测验任务，同时提高 Gf 是有可能的，这打开了一个广阔的应用前景。”

这番声明一经发表便引起轰动，吸引了媒体和公众的广泛注意。和当初的莫扎特报告发表时一样，一些研究者立刻利用这篇研究报告，意图证明一般智力并不是不变的或遗传性的，因为记忆训练就能使之大幅上升。然而，大多数经验丰富的智力研究者立刻联想到 1989 年的冷核聚变（cold fusion）研究，大多数物理学家都认为该研究取得的惊人突破是不可能实现的。后来，冷核聚变结果被证明是一个热测量（heat measurement）错误，犯这个错误的人是某一个领域的杰出研究者，却不熟悉另一个领域的测量技术。流体智力测量错误有可能成为 PNAS 研究报告中的一个因素吗？你知道接下来会发生什么。

PNAS 记忆训练研究的理论依据很简单。记忆是被广泛接受的智力因素，因此改善记忆也能改善智力。撇开两者都可能与第 3 个潜在因素相关这一点不论，检验这一简单思维训练效果的一个关键条件，是训练任务必须与智力测验不相关。换句话说，记忆训练效果应该转移到一项不需要记忆力的、完全不相关的测验中。比如，记忆一副牌的顺序的训练，就可能转变为记忆 52 个随机数字的顺序的能力，因为两项任务都是相似的记忆力测试。如果记牌训练能使类比测验分数上升，效果会更好（类比测验的 g 负荷量很高）。如果用 4 星期训练记牌，其提高的类比测验分数是 2 星期训练提高的两倍，那么结果会更加引人注目。

在 PNAS 记忆实验中，35 名大学生被随机分配到 4 个训练组中（一名学生退出，因此参与者总数为 34），另外 35 名学生被分配到 4 个无训练任务的对照组中。在 70 名学生中，男女约各占 50%。因此，每一个小组大约有 8 名男性或女性参与者，人数较少。每位参与者在训练（或相同的控制间隔）前后各接受一项瑞文高级渐进矩阵（RAPM）测验（前面的章节介绍过，只用于 1 个组），或者同样考查抽象推理的**波鸿矩阵测验（Bochumer Matrizen – Test，BOMAT）**，后者用于 3 个组。报告没有说明为何使用两种测验，而不是一种。每种测验都有两个形式，分别用作训练前和训练后测验。4 个训练组训练前后测验相隔的时间不同，分别是 8 天、12 天、17 天和 19 天。对不接受训练的 4 个对照组也采用了相同的间隔时间。

4 个组的记忆训练都使用了认知心理学领域一项著名的任务。这项任务叫作 n-back 测试，n 代表任何整数。基本概念是，一长串随机数字、字母或其他元素，一次一个，出现在参与者面对的电脑屏幕上。以字母形式的 1-back 任务为例，不论何时，任何一个字母连续出现两次，也就是往回数第 1 个字母与出现字母相同，参与者按一次键。这个任务很简单，因为参与者的工作记忆里只需要存储一个数字，直到另一个数字出现。如果出现的字母与前一个字母不同，则不按下按钮，参与者必须记住新出现的字母，直到另一个字母出现。在 2-back 中，如果出现的字母与往回数第 2 个字母相同，则按下按钮，这要求参与者在工作记忆中存储两个字母。3-back 任务更难，4-back、5-back、6-back 任务的难度依次上升。注意，字母（或数字，或被使用的其他元素）可以通过可视形式或者通过耳机呈现。在 PNAS 记忆训练研究中，参与者**同时**接受了视觉和听觉形式的训练。是真的。保守地说，这是一项非常有难度的任务，没想到竟然只有 1 个人退出。专栏 5.1 提供了更详细的任务说明，以及展示任务规则的动画链接。

专栏 5.1：n-back 测试

双重 n-back 测试如图 5.2（Jaeggi et al.，2008）所示。图中呈现的 2-back 任务，使用了空间位置和字母两种元素。每当一个元素隔着另一个元素重复时，参与者就按下按钮。空间位置元素以视觉形式，一次出现一个；字母通过耳机，一次出现一个。在双重任务中，位置和字母元素同时出现，每次停留时间为 500 毫秒，与下一次出现的元素之间相隔 2500 毫秒。如图 5.2 上排元素所示，一系列空间位置（白色方块）从左到右依次出现。中间的元素出现时，参与者应该按下按钮，因为它与往回数第 2 个元素完全相同（左起第 1 个元素）。底下一排展示了字母形式的测试。中间元素“C”出现时，参与者应该按下按钮，因为往回数第 2 个元素也是“C”（左起第 1 个元素）。右起第 1 个“C”也应该出发一次按钮，因为往回数第 2 个元素，即中间的元素，也是“C”。当参与者在这项困难任务中的表现好过碰运气时，他们会继续接受更难的 3-back 训练，接着是 4-back，5-back，以此类推，直到他们只会碰运气为止。第一次接触规则时，理解起来可能有点吃力，弄明白后，你就意识到这项任务到后面的难度有多大。不要忘了，该研究的结论是这个训练能提高你的流体智力（同时不会让你感到头痛）。

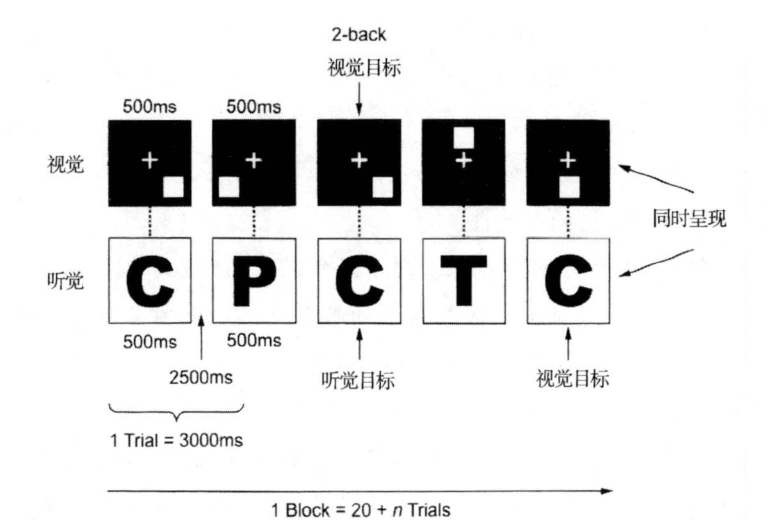

图 5.2　双重 n－back 记忆任务

这是一项 2－back 任务。两种形式同时出现。上面一排为视觉形式，参与者需要记住每次出现的白色方块的位置，如果同一个位置间隔一次重复出现，则按下按钮，因为出现的位置与往回数第 2 个位置一样。下面一排为听觉、字母形式，每个字母通过耳机出现，听见的字母与往回数第 2 个字母相同时，按下按钮。先分开接受两种形式的训练，然后接受两种形式同时出现的训练，直到参与者不再碰运气，继续训练 3－back、4－back 任务，以此类推。该图中，元素出现顺序为从左到右，一次出现一个。（Reprinted with permission Jaeggi et al.，2008）。

BOMAT 抽象推理测验以视觉对比为基础，与第 1 章介绍的瑞文测验相似。在 BOMAT 测验中，一个 3×5 的矩阵，除了 1 个单元格空白外，其余每个单元格里都有 1 个元素。消失的元素只能根据其他元素（形状、颜色、图案、数字、矩阵中元素的布局）符合的逻辑规律推出。受试者必须辨认出矩阵的结构，从 6 个选项中选择 1 个能满足矩阵的逻辑完整性的答案。瑞文测验采用 3 ×3 的矩阵，因此与 BOMAT 测验的 3 ×5 矩阵相比，解决每个问题时，需要储存在工作记忆中的元素更少。所以说，BO-MAT 更像工作记忆测验，与 n-back 任务相似。这种相似性，削弱了“n-back 任务训练的效果转移到一种完全不同的流体智力测验中”这种说法的有效性。

图 5. 3 展示了训练结果。对于研究报告的作者来说，这个结果一目了然，但对于大多数智力研究者来说，其意义要模糊得多。所有参与训练的人被集合到一个组（N =34），所有对照组个体被集合到另一个组（N =35）。训练组 n-back 任务难度的平均上升情况为，最低上升至 3-back，最高到 5-back。两组的训练前抽象推理测验结果相同，训练后总体测验分数都有上升。对照组平均上升 1 分左右，训练组平均上升 2 分左右。注意，这些分数不是智商，而是在测验中正确作答的次数。这个小变化在统计学上是显著的，研究者用了“大大提高”来形容。以智力测验的增长分数为纵坐标、以练习天数为横坐标绘图，可见 8 天组的增长不足 1 分，而 19 天组的增长却接近 5 分。

作者大胆断言：“认知训练能提高 Gf（流体智力）是一个里程碑式的发现，因为一直以来的研究都宣称，这个类型的智力基本上是不可改变的。我们的数据不认为 Gf 是不可改变的特征，而是提供了证据，证明凭借适当的训练，Gf 是有可能被改善的。此外，我们的证据还表明，Gf 增长的幅度对训练时长的依赖性非常大。考虑到 Gf 在日常生活中的重要性，以及它对大量智力任务和专业成就的预测力，我们相信我们的发现可能与教育领域的应用密切相关。”我不知道他们有没有把这个大新闻告知佐治亚州或其他州的州长，但我知道这个研究点燃了狂热的记忆训练。

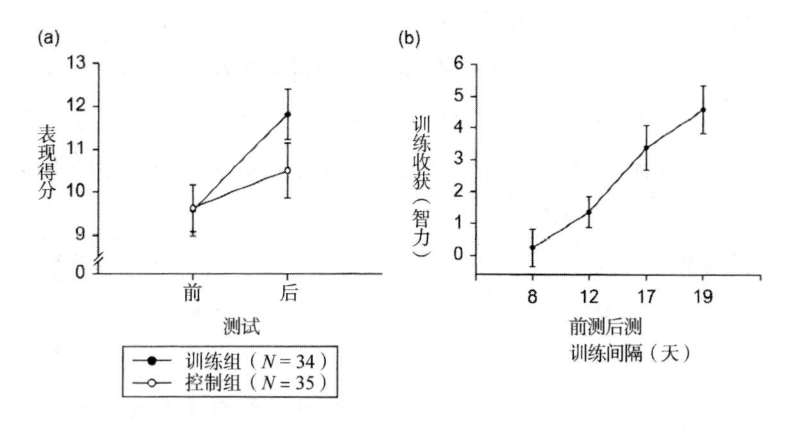

图 5.3　宣称记忆训练迎来“里程碑式”结果的线图

（a）图展示训练组和对照组在 n－back 训练前后的流体智力测验分数（y 轴）。（b）图展示了以不同训练天数为基础，智力测验分数的增加情况（y 轴）。（Reprinted with permission，Jaeggi et al.，2008）。

第一篇极具破坏性的评论文章很快出现（Moody，2009）。穆迪博士（Dr. Moody）指出 PNAS 封面文章中的多处错误，这些错误使训练结果变得无法解释。最重要的是，评估流体推理能力（fluid reasoning）的 BOMAT 测验的执行方式是错误的。测验题的顺序是从简单到很难。正常情况下，受试者有 45 分钟时间来回答 29 道题。PNAS 忽略了这个重要的事实。PNAS 研究只给了受试者 10 分钟作答时间，因此结果体现的任何分数增长都局限在相对简单的题目范围内，因为时间限制使受试者来不及回答难度更大的题目，而这些题目对 Gf 的预测效果是最好的，尤其是在范围受限的大学生样本中。不规范操作将 BOMAT 从流体智力测验变成简单的视觉类比测验，往好里说，与流体智力的关系是未知的。有趣的是，接受 RAPM 测验的训练组没有表现出进步。两种测验有一个关键区别，BOMAT 测验的受试者在解决每道题时，工作记忆中需要存储 14 个元素，而 RAPM 受试者的工作记忆中只需要存储 8 个元素（在问题得到解决之前，每个矩阵中都有一个缺失的元素）。因此，BOMAT 测验中的表现对工作记忆的依赖性更大。对工作记忆的依赖性正是 n-back 任务的基本特征，尤其是当训练用到与 BOMAT 问题极为相似的矩阵元素的空间位置时（见框 5.1）。如穆迪所言："这些（n-back）任务并非与 BOMAT 测验题目'完全不同'，看起来反而为了帮助受试者在 BOMAT 测验中有更好的表现，而经过精心设计的。"把这个错误、小样本、与单个测验的较小变化分数有关的问题放在一起考虑，就会觉得，这项声称有了惊人发现、与以前数百项研究的证据权重相反的研究，能得到 PNAS 的特别发表，相关同行评审和编辑过程让人很难理解。

后续 n-back 和智力研究的阶段性进展，莫扎特效应的后续研究情况相似。耶吉博士（Dr. Jaeggi）及其同事发表了一系列论文，解决了最初研究存在的一些关键设计问题，并公布了与最初研究一致的结果（Jaeggi et al.，2010，2011，2014），也有其他研究者发表一致结果。但为数更多的研究，没能重复最初研究发现的 Gf 的增长，尤其是使用更复杂的研究设计，采用大样本和多种认知预测潜变量 Gf 和其他智力因素、判断 n-back 任务表现的改善是否转变为智力分数的上升时。（Chooi & Thompson，2012；Colom et al.，2013；Harrison et al.，2013；Melby－Lervag & Hulme，2013；Redick et al.，2013；Shipstead et al.，2012；Thompson et al.，2013；Tidwell et al.，2014；von Bastian & Oberauer，2013，2014）。

耶吉的团队没有因为独立重复的失败而气馁，发表了他们自己的元分析，包括对结果为阴性的研究的分析。他们的分析支持

n-back 训练将智商提高 4 分的结论（Au et al.，2015）。他们忽略了关于智商转换和变化分数的警告，没有注意到这个 4 分是智商测验的预测标准误差。很快，其他研究者对该元分析进行了再分析（Bogg & Lasecki，2015）。他们推断，奥（Au）及其同事发现的较小影响，很可能是元分析中大多数研究的样本量都较小的结果，因为小样本的统计效力不足、偏向虚假结果。因此，他们提醒读者，训练对 Gf 产生的较小影响可能是假象。另一项全面的独立元分析覆盖了 47 项研究，没有发现记忆训练的可持续转移效果（Schwaighofer et al.，2015），尽管作者倡议开展更多设计更完善的研究。最后，也有证据表明，记忆训练后出现的、明显的测验分数的小幅增长，可能要归因于任务策略的改进，而不是智力的增长（Hayes et al.，2015）。

最初的 PNAS 报告发表 8 年后，独立研究提供的证据权重表明，本质上，记忆训练与真正独立于训练方法的智力分数之间，不存在效果转移（Redick，2015）。在这个阶段，关于 n-back 训练和智力，呈阳性的结果大多由耶吉和她的同事发表。大多数研究者仍然持高度怀疑的态度，已经将注意力转向其他项目，尽管之前曾对记忆训练提高 Gf 的可能性充满热情（Sternberg，2008）。“沉默的莫扎特效应”的论文，有效地终结了大多数莫扎特效应研究。至于博格（Bogg）、拉塞基（Lasecki）和雷迪克（Redick）的有力研究报告，是否能对 n-back、智力研究产生同样的影响，我们目前还不能断言。

有趣的是，几年前，耶吉凑巧转到了我所在大学的教育学院，我们成了朋友，尽管在记忆训练是否能提高智力这一点上，我们的看法完全不一致。以类似研究声明的历史为参考，我猜测记忆训练研究将不再以提高智力为目标，而是更注重其他认知和教育变量。

事实上，人们对更广泛的、使用电脑游戏促进学业成就提高的认知训练越来越感兴趣，见下一个例子。

5.3 个案3：电脑游戏能提高儿童智商?

关于电脑游戏是否能发挥任何有利的认知作用，这方面存在大量研究文献和争议。

不论电脑游戏可能对学习、注意力或记忆产生哪些影响（Bejjanki et al.，2014；Cardoso－Leite & Bavelier，2014；Gozli et al.，2014)，我们关注的是电脑游戏训练是否确实能提高智力。加利福尼亚大学伯克利分校的研究团队声称，在一项以来自社会经济地位较低家庭的儿童为对象的研究中，他们使用电脑游戏，训练与推理和信息加工速度密切相关的基本认知技能，随后发现研究对象的操作智商增长了10分（Mackey et al.，2011)。伯克利的研究者们直言宣告："与人们的普遍看法相反，这些结果表明，通过训练，流体推理能力和信息加工速度都是可变的。"让人联想到2008年PNAS发表的n-back研究。我们来看看，到底是怎么回事。

研究对象为28名7～10岁儿童。这些学生被随机分配到两个训练组中。一组（n＝17）接受被认为可以提高流体推理能力（即流体智力或g因素）的商业电脑游戏训练，另一组（n＝11）接受被认为能提高大脑信息加工速度的商业电脑游戏。训练在学校进行，每周2天，每次1个小时，持续8周，每组的平均训练时间约为12天。在训练日（每周2天），每组对象都要练习4款不同的电脑游戏，各练习15分钟左右。训练前后的流体推理能力（FR）评估以非言语能力测验第3版（Test of Nonverbal Intelligence，TONI-3）为基础，信息加工速度（PS）评估则使用了两种测验：伍德科克－约翰逊成套测验修订版（Woodcock-Johnson Revised test battery）中的**删除任务（Cross Out）**，韦氏儿童智力量表第4版中的**编码任务B（Coding B）**。测验细节对研究结果的理解来说，并不是必需的。

训练后测验结果表明，FR训练组的TONI非言语智力测验分数上升了4.5分，PS测验分数没有明显上升。PS训练组的结果正好相反：编码分数明显提高，FR分数没有变化。研究者未对4.5分的增长进行进一步分析，将其转换成了9.9分的智商增长，超过半个标准差。所有对象中，有4名儿童的智商看似增长了20分以上。他们表示，研究传达的主要信息是，“仅仅玩8周在售游戏”就可以缩短弱势儿童间的认知差距的希望，尤其是与流体推理能力有关的认知差距。研究上了新闻，也拿到了资金。

重要发现如图5.4所示。现在，你应该了解几个问题。该研究的样本量非常小，研究对象在其所处年龄阶段，智商常常会出现数分的波动。表面的智商上升很可能是小样本的不当影响造成的偶然效果，如5.2（Bogg & Lasecki，2015）所述。考虑到在一些训练任务中取得最大进步的儿童，并不是FR分数增长最多的，这个推测就更有可能是真的了。事实上，训练前FR测验分数最低的儿童，在训练后的分数增长是最多的，表明至少在一定程度上，这是趋均数回归（regression to the mean，在统计学上，指趋向均值重复分数，向群体平均值回归）的效果。总的来说，研究结果的确有吸引力，但相信这些结果是“与人们的普遍看法相反”的发现，则是一个值得怀疑的结论。尤其是当普遍看法有数百项研究提供的证据权重作为基础时。

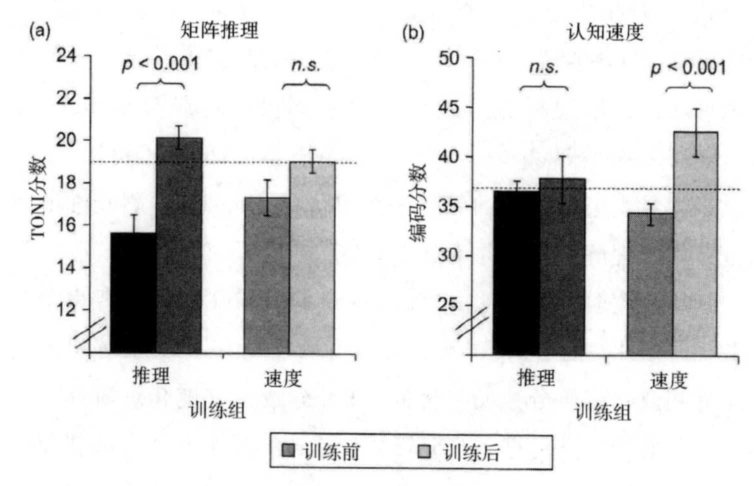

图 5.4 与“普遍看法”相反的发现，对缩短弱势儿童认知差距抱乐观看法的基础

(a) 图显示，针对矩阵推理进行的电脑游戏训练 (n = 17) 提高了推理分数，但没有提高信息加工速度分数。(b) 图显示，认识速度训练 (n = 11) 提高了编码分数，但没有提高推理分数。(Reprinted with permission, Mackey et al. , 2011)。

这项研究可能为一些宣称电脑能提高智商（与该研究没有特定因果关系）的普通广告提供了基础。据我所知，原来的研究者和其他研究者，都没有发表过与加大伯克利分校的发现有关的重复研究，不论是结果呈阳性的，还是结果呈阴性的。考虑到原研究者曾宣称这些发现有推翻普遍看法的可能性，这就显得比较奇怪。对一般认知训练使智商提高 10 分这一发现，大多数智力研究者仍然持怀疑态度。例如，最近一项全面研究发现，在年轻成人组成的大样本中，玩电子游戏的经历与流体智力之前，几乎不存在任何关系（Unsworth et al. , 2015）。

一些商业性质的公司会向家长和学校推销以电脑为基础的训

练方案，对于这些推销对象来说，缩短认知差距是一个或明确或含蓄的目标，尤其是针对背景处于劣势的学生（关于社会经济地位和智力的关系，更多信息见第 6 章）。大多数有名望的公司都小心翼翼，避免发表与提高智力有关的明确言论。然而，有一家公司却在 2014 年的报告（来自网络）中声称，它的大脑训练方案让客户的智商平均提高了 15 分。有“严重认知不足”的客户，在使用了训练方案后，智商平均提高了 22 分。这项报告提供了一页页令人印象深刻的统计分析、表格、图形，展示看似惊人的使用结果，却没有列出任何出版物，来说明这些统计数据和结果接受过独立同行评审。有的公司有时会引用个别已发表的研究报告，尤其是小样本研究，来证明电脑训练方案能有效提高心理能力。只注意支持性的研究，忽视其他研究，是常见的优选做法。神经教育（neuro-education）和基于大脑的学习（brain-based learning）对于教育者来说颇有吸引力，但在我看来，目前的证据权重还不能证明这些方案的应用是成功的，因此我们需要相当谨慎（Geake，2008，2011；Howard-Jones，2014）。对于这类方案的购买者，尤其是声称能提高智力的方案的购买者，我们的建议是，在签合同或者购买之前牢记六个字：需要独立重复。

谈到独立重复，目前介绍的 3 项研究（莫扎特效应，n-back 训练，电脑训练），最初的研究报告中，都不包括重复尝试。每项报告的作者，都声称其发现推翻了长期以来的许多研究发现。每项研究都以小样本为基础。每项研究都利用单项测验分数，计算假定的认知进步，而不是从多项测验中提取潜在因素，如 g。每项报告的第一作者都是年轻的研究者，更年长的研究者在此前也很少以智力心理测量为基础发表过研究。回想起来，许多独立的、经验丰富的研究者，在后续研究中都没能重复最初的发现，这是否令人感到意外？在一定程度上，人们渴望证明智力是可塑的、可以通过相对简单的干预得到提高。面对这种渴望，研究者应该更加谨慎。不寻常的发现要经过同行评审发表，就需要有不寻常的证据，这是从图 5.1、图 5.3、图 5.4 中看不出来的。我认为，发表“里程碑式”发现的基本要求，首先应该是除了最初发现以外，还包括重复数据。当研究者以存在根本性错误的研究和不堪一击的结果为基础，发表具有煽动性的结论时，这么做可以节省花在重复研究上的数年努力和资金。这个提议不算过分，但鉴于研究者都面临发表作品和获取经费的学术压力，这个提议或许不太切合实际。这一部分内容是关于提高儿童智力的，在告一段落之前，我们还要探讨另一项有趣的、更乐观的报告。目前已经介绍的 3 项研究都是警示性的例子，但接下来要说的这项研究，却正面说明了我们可以更加谨慎地推动这个领域的发展。该报告以元分析为基础，研究者“几乎分析了每一项能找到的以提高智力为目标的干预，所涉及对象小到刚出生的婴儿，大到在上幼儿园的儿童”（Protzko et al.，2013）。这些来自纽约大学的研究者参与了智力提升数据库（the Database of Raising Intelligence）的维护。在该数据库中，一些以提高智力为目的的研究有以下组成部分：来自普通、非临床人群的样本；完全随机化的对照实验设计；持续干预；得到广泛认可、将智力当作结果变量进行的标准化智力测量。4 项元分析的主题分别是：膳食补充（dietary supplementation）对孕妇和新生儿的影响；早期教育干预；互动阅读；送孩子上幼儿园。下面将概述每项分析的主要结果。

营养研究以长链脂肪酸 PUFA（不要问为什么是这个名称）的研究为主，PUFA 是乳汁里的一种成分，对于大脑的正常发育和功能来说是必需的。有早期证据表明，母乳喂养的孩童比奶瓶喂养的孩童智商高（Anderson et al.，1999），研究者就是受这些证据的启发，进行了这项分析。这项 2013 年的元分析涵盖了另外 10 项研究，共涉及 844 名参与者。分析表明，长链 PUFA 作为膳食补充剂（dietary supplement），与 3.5 分的智商增长有关。然而，对 84 项相关研究进行的评论，指向了多个混杂因素（confounding factor），包括智商更高的父母更倾向于用母乳喂养。分析结论是，被归因于母乳喂养的儿童智商小幅增长，可能是包括智商遗传性在内的混杂因素引起的（Walfisch et al.，2013）。这也是之前一项前瞻性研究的结论，该研究的样本为同胞组合，每个组合中，一人由母乳喂养，另一人非母乳喂养（Der et al.，2006）。因此，证据权重并不支持母乳喂养能提高儿童智商的结论。以可获取的证据为基础，类似分析表明，铁、锌、维他命 B6 和多种维生素补充剂在提高智商方面的效果也不太乐观。

第 2 项元分析的焦点是早期教育。在第 2 章，我们介绍了一些重要的干预研究，结果表明智商没有被持久地提高。纽约大学的分析覆盖了 19 项研究，最早一项发表于 1968 年。其中一些研究进行了 3 年以上的干预。虽然在一些个体研究中，一些婴儿的智商的确有上升，但总体上，元分析表明这些干预对智商没有明显影响。第 3 项元分析以互动阅读为焦点，覆盖 10 项研究，共涉及 499 名参与者。分析表明，积极参与阅读的 4 岁以下儿童，智商提高了 6 分左右。作者推测，这项干预或许通过影响语言发展，间接影响到智商。积极阅读被广泛地推荐给众多家长们。第 4 项元分析以幼儿园为焦点，覆盖 16 项研究，共涉及 7370 名参与者，大多数来自低收入家庭。总体分析结果呈现了 4 分的智商增长，然而在特别强调语言发展的小组中，智商最多提高了 7

分。有趣的是，更长的幼儿园入读时间与更大幅度的智商上升并不相关。我们还不知道这些假定的增长能持续多长时间，以及与之相关的大脑机制有哪些。

分析发现的智商增长，即使在统计上比较显著，大多仍然与智商测验的标准误差接近，尤其是考虑到这个年龄阶段的智力测验分数可靠性较低，往往会在短期内因为许多原因出现波动。4项元分析中，很多研究的样本量也很小，与前文介绍的3项个案研究，以及奥和同事对记忆训练进行研究进行的n-back元分析一样（Bogg & Lasecki，2015；Redick，2015）。现在还远远无法知道，纽约大学的元分析是否经得起更多新数据的检验，因此不论这些干预可能对智力产生何种影响，怀疑的态度都是必要的。尽管如此，纽约大学的研究者为他们的结论以及开展更多儿童干预研究的建议，提供了系统的实证基础。

5.4 哪儿有智商药丸？

第2、3、4章概述的遗传学和神经影像学研究，提供了有力证据，表明智力具有重要的神经生物学、神经化学和神经发育基础。至于智力相关大脑结构和功能受那些大脑机制影响或控制，目前还没有任何明确的结论。假如研究发现某些神经递质是相关认知机制（如工作记忆）的关键，那么可以增加或降低这些神经递质的活性的药物，或许会对智力测验分数有影响。由神经递质调节的突触活动，可能是被干预的对象。这包括改变神经递质的水平，或者神经递质的补充速度。另一方面，如果研究者意外发现药物提高了智商测验的分数，那么关于这些药物如何作用于突触中神经递质的推论，将引出关于哪种大脑机制与智力的相关性最强的新假设。运用到此前我们介绍过的干预研究中，这个药物效果逻辑也是一样的。例如，药物对大脑机制的影响比记忆训练更直接，因此药物促进智力增长的可能性或许更大。研究药物对智力的影响，标准也是一样的：覆盖正常智商范围的样本，通过多种智力测量提取 g 因素，随机分配的双盲安慰剂对照试验，任何短期效果的剂量依赖反应（dose - dependent response，剂量越大，提高越大)，为测定持久效果而安排的随访期，以及独立重复。当然，智力的比率量表最能增加智力进步的说服力，但目前还不存在这样的量表（Haier，2014）。（专栏 6.1 介绍了定义智力比率量表的潜在方式。)

网络上，与提高智商的药物有关的内容有无数条，还有许多经过同行评审的研究，论述了尼古丁（nicotine）等药物提高学习、记忆和注意力等认知能力的作用（Heishman et al.，2010）。被用于治疗注意缺陷障碍（attention deficit hyperactivity，ADHD）和其他临床脑部疾病的精神兴奋剂，在高中生、大学生中，以及因为学术或职业成就而渴望提高认知、没有临床表现的成年人中，尤其受欢迎。许多调查显示，使用药物提升各方面认知的现象已经很普遍，一些道德问题已经引发了讨论。专栏 5.2 展现了其中一些问题。总体上，设计精良的研究并没有为这些药物运用提供有力证据（Bagot & Kaminer，2014；Farah et al.，2014；Husain & Mehta，2011；Ilieva & Farah，2013；Smith & Farah，2011）。以没有临床疾病的人为样本，专为调查药物对智力的直接影响而设计的研究，就更少了。我没有找到可能为此类药物运用提供支持的相关元分析。简而言之，目前还没有具有说服力的证据能说明智商药丸的功效。然而，随着对大脑机制和智力的了解加深，我们有充分的理由相信，在将来，通过药物增强相关大脑机制是有可能的，这些药物也许已经存在，也许是还未开发出来的新药。比如说，治疗阿尔茨海默病的研究，有可能揭晓与学习和记忆有关的特定大脑机制，而比现有药好得多的新型药则能强化这些机制。这个前景成了很多跨国制药公司加大研究力度的动力。能增强阿尔茨海默病患者的学习和记忆力的药物一旦被研发出，研究者必定会进一步探索它们提高非患者认知的作用。

因为缺少智力提高方面的实证，以及许多精神药物都有严重的副作用，尤其是在医生不监控患者的用量时，所以本书中不会出现据称可以提高智力的药物的清单。我认为，没有可以列举的药物。然而，药物提高智力的可能性，与被揭晓的智力受生物学基础影响的程度，是直接相关的，如前一章所述，发现证据的速度正在加快。但药物可能并不是调整神经生物过程的唯一途径。一些有趣的线索指向了其他方法。我们接下来要说的提高智力及相关认知的方法，听起来可能像是出自科幻小说。但它们是非虚构的，会让你目瞪口呆，差不多就是字面意思。

专栏 5.2：认知增强（cognitive－enhancing）药物

《自然》杂志在2007年发表了一篇与假定的认知增强（CE）药物引起的道德问题有关的评论文章（Sahakian & Morein－Zamir，2007），在2008年发表了另一篇评论（Greely et al.，2008），后者以一项非正式调查（Maher，2008）为基础，调查内容是来自60个国家的1400名科学家使用这类药物的情况。2007年评论提到的道德问题包括：没有神经或精神疾病的健康个体使用CE药物，是欺骗性的还是公平的；在没有医疗监督的情况，是否可以买卖CE药物；当一个人知道其他人在工作或学校中使用 CE 药物时，为了自身或子女考虑，他（她）是否有可能感觉到自己也要被迫这么做的压力。2000 名的科学家调查发现，20% 的科学家为了集中注意力，已经使用过药物；70% 的科学家为了提高脑力，会冒险承受轻微副作用；80% 的科学家为自己是否可用此类药物的权利辩解；超过 33% 的科学家表示，如果其他人的孩子使用了药物，他们会感觉到也要给自己的孩子服用大脑增强药物的压力。调查报告中有 4 条来自调查对象的具体解释，阐明了基本的道德问题。安全："轻微的副作用不断累积，到一定时候就会酿成严重的问题，甚至可能需要加大治疗力度来控制药瘾。"一名来自尼日利亚的年轻人写道。**腐蚀名誉**："我不会使用认知增强药物，因为我认为这么做是对自己、对所有以我为榜样的人的不诚实。"**分配正义（distributive justice）**："使没有获取途径的人处于道德劣势。"一位中年美国人写道。**同侪压力**："作为一名专业人士，我有义务为了人类的最大利益使用我的资源。如果使用'增强剂'能为人道事业作出贡献，我就有义务这么做。"一位年长的美国公民说。

《自然》2008 年评论的作者认为："社会必须响应日益增长的对认知增强的需求，那么首先必须做的，是摈弃'增强'是卑鄙字眼这一观念。"自这 3 篇文章发表以来，世界范围内展开了许许多多关于 CE 药物的新调查。不同调查方法和不同样本的使用，使经常使用和偶尔使用的比率以及使用动机都难以确定。尽管如此，人们一致认为 CE 药物的使用率正在上升，尤其是在美国的高中和大学生中，即使能药物功效方面的证据还很有限（Smith & Farah，2011）。

最近发布的一篇从道德上考量药理认知增强（pharmacological cognitive enhancement，PCE）的文章，阐述了6个主要议题：“（1）关于PCE医疗安全问题的介绍，为限制或允许此类药物的选择性或必要性使用，提供了正当理由。（2）经过强化的大脑有可能是‘真实的’大脑。（3）个体有可能被迫使用PCE。（4）同一种PCE的治疗作用和增强作用，有重要的区别。（5）不公平的PCE获取途径会影响分配正义。（6）竞争环境中的PCE运用构成作弊。”（Maslen et al.，2014）

关于认知增强和这些议题的讨论，大多围绕注意力、学习和记忆的认知元素展开。提高智力这一专门用途，还不是道德议程的重点。如果如我认为的那样，高智力比低智力好，那么赞成增强智力难道不是一种道德义务吗？你怎么看上述议题？2011年的电影《永无止境》（*Limitless*）也许能让人有所启发。

5.5 瞄准大脑过程的磁场、电击和冷激光

这一部分将简要介绍5种听来怪异的技术，它们能改变大脑过程，并由可能影响认知和智力的提高。最重要的是，这些技术使研究者可以对皮层活动进行实验操作，从而研究对认知的影响。这提供了令人激动的重要机会，有助于发现超出大脑变量与心理测验表现相关性研究的因果关系。它们预示着智力和大脑研

究已进入一个新的阶段。

第 1 项技术是经颅磁刺激（transcranial magnetic stimulation，TMS）。TMS 使用形状像一根棍子、内有金属线圈的设备，在短促放电时制造强烈的磁场脉冲。当线圈被放置在一部分头皮的上方时，磁场波动会保持原样穿过头皮和颅骨进入大脑。波动诱发电流，引起下层大脑皮层中神经元的去极化。根据提高或降低皮层兴奋度的需要，脉冲频率和强度是可调节的。TMS 作为一种研究工具，可用于检测某特定皮层区域是否参与了一项认知任务。例如，引起皮层失活可能致使表现不佳，激活皮层可能带来更好的表现，或者就效率来说，反之亦然。一篇对近 15 年来的 60 项 TMS 研究进行的评论（Luber & Lisanby，2014）表示，这项技术有希望提高一系列认知任务表现，尽管其中没有特别提到智力，而且这篇评论也不是一项定量的元分析。据作者所言，TMS 可能对大脑机制施加影响，从而至少从两个大方面提高认知表现：直接影响神经元，提高任务相关信息加工的效率；或者中断与任务表现无关或扰乱任务表现的信息加工。一些增强效果被归为第 1 类，任务涉及非言语工作记忆、视觉类比推理、心理旋转，以及空间工作记忆等。第 2 类增强效果涉及言语工作记忆、空间注意和顺序项目记忆任务。除了实验室实验以外，作者还谈到了 TMS 的一些实际运用，包括用于脑部受伤后的认知修复。目前的证据权重还不明朗，但这个领域会迎来更多研究和元分析。

第 2 项技术是经颅直流电刺激（transcranial direct current stimulation，tDCS）。换言之，电击头部。电流非常微弱，电击几乎不可察觉。这种电击与在认知任务中回答错误时所受的电击惩罚不同，也不同于治疗电痉挛疗法（electroconvulsive therapy，

ECT)，后者通过引发癫痫缓解严重的临床抑郁症。tDCS 电流由一枚 9V 电池发出，从放置在头皮上的电极间通过。与 TMS 的作用相似，根据所用参数的变化，tDCS 电流可以增强或减弱电极所在位置下的神经元兴奋性（neuronal excitability）。早期 tDCS 研究令人鼓舞（Clark et al.，2012；Utz et al.，2010）。一个团队在论述 TMS 和 tDCS 的增强效果时指出："这些技术，也许最适合用于某些认知技能——如警觉和威胁侦查——对保命来说至关重要的职场。这类职位在军队中比比皆是，所以说，美国空军冲着非侵入性大脑刺激改善人类深知表现的功效，最近开始在这方面投资，并不让人感到意外。"（McKinley et al.，2012）。另一个团队评论了许多健康成人注意力、学习和记忆研究所展现的 tDCS 的增强效果（Coffman et al.，2014）。这篇定性评论推断，"电池驱动思维"在某些认知任务中具有相当大的潜力，尽管没有直接提到智力。这篇评论含盖的一些研究，探索了 tDCS 对那些构成认知增强基础的大脑机制的潜在影响。他们特别提到了对谷氨酸盐各个方面、DABA、NAA、NMDA 和 BDNF 的调节和功能的潜在影响（与第 4 章介绍的分子遗传学研究发现相似）。然而不出所料，对 tDCS 和健康成人认知展开的一项更新的全面定量分析比较令人失望（Horvath et al.，2015b）。研究者基本上没有发现任何对执行功能、语言或记忆的测量结果的影响。他们也没有发现可靠的神经生理效应（Horvath et al.，2015）。另一项研究发现，参与者接受 tDSC 刺激之后，在第四版韦氏成套智力测验中的成绩有下降，从而表达了对智力提升效果的进一步怀疑（Sellers et al.，2015）。这些作者发表了两项研究（总样本为 41 名成人），都采用双盲、被试间设计（即同一个体在 tDCS 前后都要接受测验），设置伪刺激条件（假连接，看起来像真设备，没有电流）。一项研究向两侧额叶区域施加 tDCS 刺激，另一项研究向一侧额叶区域施加。在两项研究中，tDCS 组都与伪刺激组形成对比。在两项研究中，tDCS 都与特定韦氏测验中的成绩下降相关。研究者没有观察到成绩上升。目前为止，几乎所有宣称发现认知增强的研究者，都应该吸取一个教训：早期的乐观发现必须由独立研究者进行可靠的重现，并经得起全面定量分析的检验。

本章还会概述其他潜在的、能提供有用信息的早期研究，尽管还需要展开重复研究。与直接刺激不同，tDCS 技术的一种变化形式使用的是交流电，叫作经颅交流电刺激（transcranial alternating current stimulation，tACS），这是我们要介绍的第 3 项技术。tDCS 是刺激整个大脑，tACS 的刺激则以特定脑区为目标。有趣的是，有两项研究发现 tACS 特别提高了流体智力测验分数。在第一项研究中，tACS 被用于改变由神经元活动引起的固有振荡频率（natural oscillation frequency）（Santarnecchi et al.，2013）。大脑中的振荡频率与心理任务表现相关，但这之间的因果关系仍然是未解决的问题。研究的参与者是 20 名年轻成人，“无法察觉的” tACS 由左额叶中部（left middle frontal lobe）上方的头皮电极发出。与伪刺激（对照条件）对比，tACS 引起的 γ 频带（一种特定频率）内有节奏的刺激，缩短了解决问题的时间，但仅仅是较困难的问题，如瑞文矩阵测验中的问题。这表明振荡和测验受到的影响之间存在因果关系。注意，这里的增强效果是用缩短的解题时间来评定的，时间是比率量表。研究报告的作者推断，他们的发现“表明 γ 振荡活动直接参与了构成高阶人类认知的机制”。

另一项 28 名年轻成人的智力研究，对比了施加于左额叶和右额叶的θ频带（另一种频率）tACS；也使用了伪刺激条件（Pahor & Jausovec，2014）。参与者在完成两项流体智力测验之前，接受了15分钟的tACS。研究所用的测验，是对RAPM测验、斯坦福-比内成套智商测验中考查空间能力的折剪纸测验（PF&C）进行的调整。两项测验还都运用了EEG。报告作者表示："左顶叶tACS提高了参与者在两项测验（RAPM和PF&C）中的难题上的表现，左额叶tACS却只提高了在一项测验（RAPM）中的简单题目上的表现。研究发现的行为方面的tACS影响，还伴随着神经电活动的变化。行为和神经电数据暂且支持智力的P-FIT神经生物模型。"

两项独立tACS研究和各项tDCS研究的发现，都存在不一致和矛盾的地方，但可能也提供了与重要大脑机制有关的线索。它们进一步展现了利用脑刺激技术，对人体神经元活动进行系统操作，从而判断这些活动如何影响认知表现的可能性。不久之后必然会出现更多研究，实验设计更精良，不仅有更大的样本，而且重视年龄、性别和先前已存在的大脑兴奋性等个体差异变量（Krause & Cohen Kadosh，2014）。虽然用这些技术制造的大脑刺激是实验性的，但tDCS和tACS设备的制造是非常简单的。据报道，有一些电脑游戏玩家和其他人为了增强认知，自制了"脑休克"装置。有一些商业公司也在销售一系列自用设备。任何支持商品宣传的独立重复研究，如果有的话，都非常值得评估。对你的大脑使用自制或自购的通电设备，可能会导致意外后果。请不要为了争得达尔文奖（Darwin Award）在家尝试。

第4项技术，脑深部电刺激（deep brain stimulation，DBS），在概念上相当于大脑的起搏器。DBS向特定脑区的微电极施加轻微刺激，这些电极是由医疗专家团队通过手术植入的。这是一类大型侵入性手术，大多数人都不容易在家中完成。这种刺激可以是连续的，也可以在需要的时候施加。DBS 缓解帕金森症状、临床抑郁症的应用是可证明的，在其他脑部疾病上的应用也在研究中。也有许多研究表明，在一些条件下，DBS 可能有增强学习和记忆的效果（Suthana & Fried，2014）。目前还没有关于智力的 DBS 研究。一个有趣的问题是，用 TMS、tDCS 或 tACS 找出与认知增强作用相关的脑区后，凭借个体特有的神经影像，是否能对这些脑区进行更准确的定位，再精准植入 DBS 电极进行目标锁定。对多个脑区连续施加 DBS，是否能增强 g 因素，尤其是低智商个体的 g 因素，又或者，按需对特定脑区施加 DBS，是否能增强任何一个人的特定心理能力？从听摸扎特或做 n-back 训练，到这些方法，中间隔着很长的距离。这些可能性听起来，是否比补偿教育更有吸引力？在此处进行这么遥远的推测，只是想激发你的想象，让你思考神经科学手段在智力研究中的重要性和潜力。

在你进行思考时，还有一项非侵入性脑刺激技术也会激发你的想象。第 5 项技术以激光为基础。近红外区低能量“冷”激光穿透头皮和颅骨，能影响大脑的功能。一组研究者称，他们发现的初步证据表明，这项技术作用于不同脑区，可以增强某些认知（Gonzalez－Lima & Barrett，2014）。他们描述了激光对大脑的这种影响：“光神经调节（photoneuromodulation）涉及神经元中的特定分子对光子的吸收，这些神经元在接触红到红外区光线（red-to-near-infrared light）后会激活生物能信号通道。”想象这种特殊激光从远处瞄准一个毫无戒备心的人，要么增强认知，要么扰乱认知。听起来像电影情节。想象到此为止。现有数据是初步的，而激光在有时候是相当危险的。同样不要在家里尝试。

5.6 缺少与增强效果有关的证据权重

第1、2、3、4章的实证权重，分别为g因素概念、遗传对智力个体差异的重要影响、智力相关网络在大脑中的散布、大脑中的高效信息流与智力相关提供了支持，最后这一方面的支持力度要小一些。本章虽然介绍了许多令人激动的研究结论和发现，但是还没有证据权重支持任何一种手段或方法对智力的提高。

偶尔会有健康杂志的撰稿人请我传授提高智商的窍门。我的回答始终如一，通常会让他们陷入沉默。没有这种窍门——没有一个得到了证据权重的支持。改善饮食？锻炼？参与有难度的脑力活动？这些建议都对整体健康和幸福有益，但没有证据证明它们有提升智力的作用。意料之中，这些撰稿人都没有引用我的回答，尽管科学作者有时候在写更实在的文章时会这么做。我乐于发出理智的怀疑之声，阻止不良信息的传播。网络上有一篇文章列举了提升智商的10个窍门，包括听古典乐、记忆训练、玩电脑游戏和学习新语言。针对每一个窍门，作者都附上了某个人宣称的假定智商分数上升幅度，把这样的分数放在一起，来支撑一个承诺要将你的智商提升17～40分的荒谬标题。这是真的。

虽然提升智力是神经科学研究的重要目标，但是目前的证据权重表明，我们还要走一段长而曲折的路，通过药物、遗传学、电刺激、磁刺激或激光，来实现这个目标。教育和认知训练也不会成为捷径。这些道路上都没有限速标志，彼此之间没有护栏，发生相撞事件是在所难免的。此外，我做主张的智力提升是一个重要目标，并没有得到广泛的认可。否则，联邦和基金会就会直接为达到这个目标增加大量投资，而不只是为弱势儿童智力研究出资。毕竟，从技术和经济创新，到网络犯罪和网络战争，全国面临的许多挑战，都是最聪明的人之间的较量。提升智力是一个严肃话题。杂志上的愚蠢窍门毫无用处可言。

如果一定要打赌，我认为最有可能实现目标的，是遗传学研究。我们在第 2 章谈到了杜奇鼠，一个比其他小鼠更快学会走迷宫的品种。在第 4 章，我们列举了一些可能与智力相关的特定基因，并论述了这些基因对大脑的潜在影响方式。即使被发现的智力相关基因有成百上千个，每个基因产生较小的影响，最好情况也是其中许多基因都作用于同一个神经生物系统。换言之，许多基因最后可能通过同一条神经通路发挥影响力。这样的神经通路将成为增强的目标（如 2. 6 概述的 Zhao et al 的研究）。许多关于疾病的遗传学研究，都采用了类似方法，如孤独症、精神分裂症和其他多基因的复杂行为特征的研究。寻找特定基因的难度非常大，但也只是第一步。更具有挑战性的，是理解这些基因在复杂神经生物系统中的功能。但只要在功能系统层面上有了一些发现，研究者就可以对干预方式进行检验。这一步能对表观遗传影响进行最好的解释。如果你认为寻找智力基因的过程缓慢而复杂，那么寻找这些基因的功能表达就是个噩梦。尽管如此，我们在分子功能层面上的研究正在进步，而且我相信，这类智力研究迟早会发现有根据的提升智力的可能性，取得成功。神经科学家的噩梦是发展的动力。

目前发表的研究发现，没有哪一项先进到足以被用于实际基因工程，来生产高智商儿童。最近，基因工程技术实现了一项令人瞩目的发展，可这项技术却影响了提升智力的可能性。这项人类基因组新型编辑技术叫作“成簇规律间隔短回文重复/Cas 基因”（Clustered Regularly Interspaced Short Palindromic Repeats/Cas genes，CRISPR/Cas9）。我也不理解这个名称，但知道这项技术是通过改变目标基因，利用细菌编辑活体细胞的基因组（Sander & Joung，2014）。之所以值得注意，是因为许多研究者可以例行使用这项技术，这可能使编辑整个人类基因组成为一个主流活动。一旦明确了智力基因及其功能，这类技术就能提供大规模提升智力的方法。也许这就是选择这个让我们大多数人无法理解的名称的原因。对此，你也要提高警惕。

本章大部分内容都与不能提升智力的方法有关。可以说，经过多年的齐心协力，教育和认知方法几乎没有取得任何可证明的进展，相对而言，神经科学研究还处于萌芽阶段。我们不应该因此失去信心，就像我们不应该因为迟迟找不到智力基因而灰心一样。大脑是复杂的，揭晓它的秘密并不是一件轻而易举的事。所有科学都是由技术驱动的，智力研究也不例外。如本章和前面的章节所述，以新型大脑技术和大脑结构、功能、发育方面的新信息为基础，提升智力的可能性是令人兴奋的。以我在这个领域工作了近 45 年的经验来讲，研究发现的脚步正在加快。关于未来，虽然没有一张清晰的路线图，但是下一章，也是最后一章，会呈现神经科学领域的一些前景，及进一步研究智力和大脑的新兴方法。

本章小结

- 虽然许多研究宣称发现了提升智力的方法，但目前还没有一种方法通过了独立重复的检验，创造了有说服力的证据权重。
- 宣称发现智力提升的研究存在严重的错误，包括“应试”、根据小样本进行一般化，已经将单项测验分数的小变化视为潜在智力因素的大变化。

- 用精神药物和各种非药物方法刺激大脑，有增强注意、学习和记忆的可能，但目前还没有证据权重可以说明这些方法能提升智力。
- 最后，提升智力的基础，不仅需要找到与智力相关的特定基因，还需要解决一个更复杂的问题，即这些基因如何在分子层面上起作用，包括它们的表观遗传影响。

问题回顾

1. 为什么对于与提高智力有关的发现来说，“证据权重”的概念非常重要?
2. 那些研究声称发现了智商的大幅度增长，但被证明是错误的?举 3 个例子.
3. 解释“转移”和“独立重复”概念。
4. 可能影响认知的 5 种脑刺激方法是什么?
5. 与使用药物增强认知有关的 6 个议题是什么?

拓展阅读

“Cognitive enhancement”(Farah et al. ,2014). This is a comprehensive discussion of enhancement issues.

“Increased intelligence is a myth (so far)”(Haier,2014). Explains why intelligence test score increases do not mean intelligence has increased.

第6章 随着神经科学的发展，智力研究的下一步是什么？

我们选择登月或做其他事情……不是因为它们简单，而是因为它们很难。

——约翰·F. 肯尼迪总统，莱斯大学演讲，1962年9月12日

令人瞩目的是，虽然基础研究并不是带着最重要的切实目的开始的，但是当你多年后再来回顾研究结果时，你会发现这是政府做过的最切实的事情之一。

——罗纳德·里根总统，广播讲话，1988年4月1日

毫无疑问，这是人类绘制的最重要、最奇妙的图谱。

——比尔·克林顿总统，关于人类基因组计划第一阶段绘制工作的完成发表讲话，2000年6月26日

作为人类，我们能在光年以外辨认星系，我们能研究比原子更小的粒子，但我们还不能解锁两耳之间这个3磅重的东西。

——贝拉克·奥巴马总统，启动联邦大脑计划（Federal Human Brain Initiative）的讲话，2013年4月2日

学习目标

- 什么是测时测量（chronometrics），为什么与心理测量相比，测时测量是一种进步？

- 记忆和超级记忆研究如何影响智力研究？
- 动物研究如何提供与神经元和智力有关的信息？
- 神经科学对脑回路的理解，如何推动智能机器的制造？
- 考虑到定义的问题，为什么存在意识和创造力的神经科学？
- 为什么社会经济地位（SES）和智力可能在神经层面上被混淆？

概　述

矛盾的是，任何一个科学探究领域，都是知道得越多，不理解的就越多。一个问题的答案，往往会引出一个之前从未想到的新问题。创造性的方法和技术不断完善，提供新的数据，研究进展取决于我们对新的实证发现的理解和想象。想一想，粒子物理学标准模型（Standard Model）的实验验证，是依靠耗资数十亿美元的加速器进行研究观察的结果。这些世界性重大研究，也引出了现有方法无法解开的新谜团，比如暗能量（dark energy），因此必须发明新的方法。每一代研究者，都以不久前的研究为基础，向不久的将来延伸。早期研究大脑损伤患者的语言和知觉缺陷的研究者，无法想象今天被用来解决智力和大脑相关问题的神经科学工具。前面的章节论述过的所有遗传学和影像学方法的进步、理解和提升智力的可能性，都只是开始。以后还会有更多发现，但其速度要取决于相关机构是否明智地向该领域分配足够的资金。把重心放在很可能取得切实成果的研究上，并不一定是明智之举，历史上，许多看似前景不明的基础研究都带来了意料之外的益处。虽然几乎是不可能的事，但你不妨试想一下，假如某个国家不进行空间探索，宣布它最大的科学目标，是获得将每位公民的 g 因素水平提升一个标准差的能力，会怎样？读到本章末尾，你也许不再认为这是那么不可能的事。

在每一个科学领域，每个阶段的进展都会使研究变得更昂贵，开展起来更复杂，对结果的解释也变得更复杂。就神经影像学而言，CAT 扫描比 X 光更复杂，结构性 MRI 比 CAT 更复杂。PET 比 EEG 更复杂；功能性 MRI 比结构性 MRI 更复杂；MRI 波谱和弥散张量成像（DTI）比结构或功能性 MRI 更复杂；MEG 比 MRI 更复杂。每一项新技术都提供了更高的空间和时间分辨率和越来越大的数据，需要使用更先进的计算机进行加工和分析。MRI 以毫米为像素显示大脑组织，但要显示神经元或突触，这个单位还是太大了。MEG 显示每一毫秒的大脑活动变化，但要显示突触中每一个纳米的神经化学活动，这个速度还是太慢了。使用神经科学技术，可在单个神经元和突触的层面上研究大脑，因此用这些技术解决与智力有关的问题并不会超乎想象。智力领域的发展可能会来自基础研究发现的整合，包括临床大脑疾病、老化研究，以及学习、记忆和注意等认知过程的研究，包括人体研究和动物研究，它们会一步步揭开大脑中越来越小、越来越快、越来越深的活动。

本章将重点介绍智力相关研究的 6 条发展线。在此之前，先简要概述在前面的章节阐述过的 3 个主要观点。(1) 在证据权重的基础上，可以对智力进行定义、测量和科学研究，尤其是 g 因素，g 因素与许多现实结果、大脑结构和功能相关，并有重要的遗传基础。(2) 神经影像研究已经开始发现与智力差异相关的特定大脑特征，遗传学研究已经开始发现与智力相关的特定基因。这些进展由技术驱动，正推动智力研究以神经科学为方向发展。(3) 目前还不知道，与智力相关的大脑特征如何被遗传、生物、环境因素及这些因素的相互作用影响。但一旦进一步了解了这些因素对大脑的影响，我应该就可以对它们进行控制，从而提升智力，缩小群体差距，或者有可能的话，会大幅度提升每一个人的智力。在这 3 点的基础上，本章将继续介绍 6 个正在寻求进步的、令人激动的研究领域，每小节介绍一个领域。

6.1　从心理测验到测时测验

将遗传学、神经影像学数据与智力连接起来的方程的一边，是价值数百万的设备，以及收集和分析复杂数据集的专家团队。方程的另一边，是心理测验分数，通常来自只花几美元就可以完成的单项测验。两边非常不对等，或者更准确地说，是隔着一道鸿沟。几十年前，最早的成像智力研究、最早的数量和分子遗传学智力研究使用的测验，今天的研究仍在用。为了推动领域的发展，智力研究已经不能再局限于心理测验分数。如第 1 章所述，我们急需一种复杂的智力测量方式，使之与广泛投入使用的复杂的遗传学和神经影像学评估相匹配。至少需要一种潜在的、能从成套测验中提取某个因素的变量分析法。第 1 章讲过，最佳智力评估需要使用比率量表。

我们用一个新的例子来解释其中的原因。假如你要施加一种增强幸福感的干预（选择一种你喜欢的）。你对幸福感的测量方式，是让参与者用数字 1～10 来给自己的幸福感打分，10 分意味着幸福感最强。你发现，一组参与者在干预前的平均幸福感为 4 分。施加干预后，该组平均分上升到 8 分。如果你对幸福感这类概念的测量抱有天真的想法，那么你可能会根据从 4 分到 8 分的变化，推断你施加的干预使人们的幸福感增加了一倍。这样的结论是错误的。你的幸福感量表属于等距量表，上面的每个分数点是不相等的，而且每个人都对 4 分或 8 分的意义带有主观看法。等距量表中的 8，并不等于 2 ×4；然而，8 磅的确等于 2 ×4 磅，因为以“磅”为单位的量表是比率量表，被没有重量的绝对零点限制。1 磅砖和 1 磅羽毛的重量是相等的。不论测量的物体是什么，1 磅的值是不变的。

智力测验分数与所有幸福感测量分数一样，都在等距量表上。只有与其他人比较时，你的分数才有意义，通常用百分位表示。如果你在第 95 个百分位，那么你比在第 90 个百分位的人聪明多少？并不是 5%。我们的智力不是定量的。在第 4 章，我们探讨了是否可以通过量化大脑特征，如灰质量、皮层厚度、网络连接度或白质的完整性，来定义智力。这些都是潜在的比率量表，但是在大多数情况下，成像并不像智力测验一样切实可行、被广泛应用。另一种对智力进行比率测量的方法，时依靠时间测量（8 秒等于 2 个 4 秒）。基本概念是，制订一套标准智力测验，测量基础是得出一个正确答案的时间，而不是正确答案的数量。从而，智力可以被定义为解决一组标准测验题目时的信息加工速度。解决一套信息加工测验题目，平均每道题耗时 4 秒的人，比平均每道题耗时 8 秒的人快 1 倍。用信息加工速度代替智力定义的有效性，需要通过研究这种测量对学术或其他成就的预测情况来验证。事实上，现在已经有许多这样的研究。

亚瑟 · 金森离世前，在他的最后一本书中概述了这方面的研究，并思考了需要克服哪些技术障碍，才能发展以信息加工时间为基础的新型智力测验（Jensen，2006）。他将这种新的测量方式称为“测时测量”。当下，测时测验设备还在研发中，如专栏 6. 1 所述。注意，测时测验的题目与心理测验题目大不一样。例如，一项测验涉及围成半圆、会发光的 8 个按钮。每次测试，有

3 个按钮同时发光。用你最快的速度，按下距离另外两个发光按钮最远的一个发光按钮。经过一系列测试之后，频繁出错的人比较少，测验结果以时间为单位，因此测时测量的分数在比率量表上。通过确定测时测验分数与智力测验分数的相关性，如果研究结果支持测时测量法的有效性和可靠性，那么该方法在未来的遗传学和神经影像研究中的运用，将缩小前面提到的测量复杂性的差距。金森乐观地认为，测时测量法能将智力研究提升为一种自然科学。结合这种测量法和其他神经科学方法，研究发现的速度必然会加快。

甚至，用信息加工速度或特定脑区的灰质量等大脑特征来定义智力也是有可能的。这种定义的优点基于比率量表，是定量的。想象你在一组标准测验中的信息加工速度，是另一个人的两倍。这个结果是否能比智商分数更好地预测你未来的学术成就或其他变量，还是一个尚待解决的问题。

专栏 6.1：智力的测时测量评估

如金森所言（2006），心理测时法（mental chronometry）以两个重要概念为基础。其一，做一项决策所需的时间，是对大脑加工速度的测量。这个时间常被称为反应时间（reaction time 或 response time，RT）。心理学领域的 RT 研究有较长历史，可追溯到 100 多年前。许多认知任务被运用到 RT 研究中，它们通常被称为基本认知任务（elementary cognitive task，ECT）。重复得最多的发现之一是，RT 随着任务难度的上升而增加。另一个重要发现是，RT 较短的人，智商分数普遍较高。因此，RT 测量可以用于智商测量，而且 RT 是非常有吸引力的数据，因为时间是比率量表。第二个重要概念是标准化。不同研究者常用不同设备开展 RT 研究。这种统一性的缺乏，会引起方法差异，扰乱个体的 RT 评估结果，使人们难以进行研究间的对比，或将不同研究的数据整合成一个大数据集。金森提议研发标准设备，测量一套标准的多样 ECT 的反应时间。金森相信，RT 测量和标准化 ECT 测验方法的结合，会推动智力研究冲破 WAIS 等心理测验的限制。为了研发和传播这样的设备，金森出资创建了心理测时学研究所（the Institute of Mental Chronometry，MIC）。现在，样品还在研发中。设备已经结合了一个显示屏、带 8 个排成半圆的按钮的反应面板，以及一个位于半圆下方的按钮。可以再添加一个键盘和鼠标，方便研究者为任何一项实验设置参数。

以一项涉及 8 个按钮的 ECT 为例。测试开始时，受试者用一根手指长按按钮。8 个按钮中的 3 个同时亮起。其中一个按钮距离另外两个按钮更远一些。受试者尽可能用最快的速度，放开本地按钮，按下距离另外两个发光按钮最远的一个发光按钮。这项任务叫作“局外人任务”（Odd Man Out task）。经过一系列这样的测试，一个人的平均 RT 会被计算出来。另一项 ECT 要求受试者记住在屏幕上短暂停留的一串数字（或字母和形状）。然后，屏幕上出现一个目标数字（或字母和图形），如果之前记忆数字串里有这个数字，受试者按下测验规定的“是”按钮。如果目标数字不在数字串里，受试者按下“否”按钮。越往后，数字串越长，因此受试者需要浏览更多记忆才能做决定。这个过程会增加 RT，高智商者浏览记忆的速度比低智商者快。还有一项 ECT 是在屏幕上同时展示两个单词。如果两个词为同义词，受试者按下一个按钮；如果不是，按下另一个按钮。这些任务有许多种变化形式，此外还有许多其他 ECT。研究会确定，哪些 ECT 与其产生的 RT 一起，能构成一套有效测量智力的测验。许多技术问题还有待解决。在心理测时法取代智力的心理测验之前，这方面的研究还有很长一段路要走。金森在书末断言：“……测时法为行为和大脑科学提供了一个通用的绝对（比率）量表，有助于对个体在专门设计的认知任务中的表现进行高度灵敏、可重复性频率高的测量。测时法的时代已经来临，开工吧！”（p. 246）。在一项使用前后对比设计的研究中，这种评估智力的方法，可以确认由任何一种增强干预引起的实际智力变化。该方法的复杂性，可以缩小智力测量与复杂的遗传学和神经影像方法之间的差距。

6.2　记忆和超级记忆的认知神经科学

在第 1 章，我们提到智力的一种定义是，学习、记忆和注意认知过程的个体差异。大多数认知神经科学研究的自变量或因变量中，都不包括对智力的评估。如第 4 章所述，如果选择参与者的依据是自变量智商分数或 g 因素分数的高低，那么任何学习、记忆、语言或注意研究的结果都可能互不相同。如第 5 章所述，当研究将智力当作因变量时，如 n-back 训练研究，评估往往只以单项测验分数为基础，而不是从成套测验中提取的潜变量。这些都是过时的坏消息。最近的好消息是，认知心理学家对语言、记忆、注意和智力之间的关系越来越感兴趣。一个值得关注的领域，是工作记忆和 g 因素的关系研究。在一些心理测量研究中，从实验来看，两者实质上是完全相同的（Colom et al.，2004；Kane & Engle，2002；Kyllonen & Christal，1990）。在其他研究中，它们虽然有重叠，却是两个分离的概念（Acherman et al.，2005；Conway et al.，2003；Kane et al.，2005）。成像研究表明两个概念涉及的脑区有重合（Colom et al.，2007），并涉及共同的基因（Luciano et al.，2001；Posthuma et al.，2003a），但这些都是还没有定论的议题（Burgaleta & Colom，2008；Colom et al.，2008；Thomas et al.，2015）。终极目标是理解智力如何合并基本认知过程，如记忆和注意，以及这些过程对语言和学习的影响。这需要不同研究团队互相合作，从而获取大量样本数据，组成这些样本的个体覆盖了完整的智力范围，并完成了多样的大型成套认知测验、DNA 分析以及结构性和功能性成像。如第 2、4 章所述，这样的全面研究项目才刚刚开始出现。

人们对超级记忆的关注度也在上升。在第 1 章，我们谈到丹尼尔·塔梅凭记忆背诵圆周率到小数点后 22514 位。但在《吉尼斯世界纪录》中，圆周率背诵纪录是小数点后 67890 位，让人觉得不可思议。这项纪录的保持者（CL）并不是一位“学者”。他使用的，是便于储存和检索大量信息的记忆术（也就是记忆技巧，见专栏 6.2）。一项 fMRI 研究请到了几名世界记忆力锦标赛的参赛者，发现当参赛者使用记忆术的时候，有几个脑区会被激活。（Maguire et al.，2003）令人遗憾的是，每名参赛者使用的记忆策略都不相同，因此成像结果并不容易解释。将圆周率记忆到小数点后 67890 位的吉尼斯纪录保持者 CL，在 28 岁时参与一项研究，在使用他的记忆策略和研究者设计的、作为对照条件的策略时，接受 fMRI 扫描（Yin et al.，2015）。CL 花了很多年来练习他的记忆方法，对此，研究报告的作者解释道："CL 使用数字 -图像记忆术学习和记忆数位，即将'00'到'99'的两位数组合与图像联系起来，并据此想象出生动的故事。"专栏 6.2 提供了该方法的示例。对照组的 11 名男性研究生也在使用相同策略的情况下接受了扫描和测验。根据作者的叙述，结果表明 CL 依靠的是与情景记忆（episodic memory）相关的脑区，而不是言语复述（verbal rehearsal）相关的脑区。事实上成像结果相当复杂，有待进一步解释（Sigala，2015）。

专栏 6.2：一个记忆技巧

如果你打算记忆一长串数字，比如圆周率，那么你可以使用下面的方法进行训练。在记忆数字之前，先创建一个词语列表，用其中的词语来表示 100 个按顺序排列的数组。例如，用"狗"表示 00，用"鱼"表示"01"。用一个词表示 02，再用其他词分别表示 03、04……50、51……99。你可以使用动物、工具、最喜欢的历史人物的名称或者其他任何词语。开始记忆数字串时，将数组依次转化为你之前已经记住的 100 个词，再编一个故事将所有词语按顺序全部串联起来。越怪奇的故事越容易记忆。假如你用下面的词语来表示 100 个两位数组合（只显示其中 8 个组合）：

00 狗

01 鱼

02 林肯

03 锤子

……

29 知更鸟

……

51 飞机

……

86 鞋

……

99 银行

现在，你要记住一串数字是860229000299000151。将其转化成数组，再将数组转换成之前分配好的词语：86是“鞋”，02是“林肯”，29是“知更鸟”，00是“狗”，02是“林肯”，99是“银行”，00是“狗”，01是“鱼”，51是“飞机”。然后创作一个视觉意象丰富的故事进行记忆。比如：我的鞋，林肯能穿，他踢到的一只知更鸟差点被狗吃，但是林肯带它去了一家银行，那里有只狗正一边吃鱼一边开飞机。经过练习，这段话会越来越好记，记住之后，你就可以将词语换回两位数组合。这种记忆策略似乎非常怪异，但是效果好，从数字到名字，它可以让你记住很多信息。你需要投入大量练习和想象力，但一些人非常擅长此法，少数人达到了登峰造极的水平。CL用这个方法，将圆周率记忆至小数点后67890位。与第5章提到的一些用电的技术或药物增强技术不同，这是一种你可以在家中尝试的方法。

然而，没有证据表明提高这种记忆能力，就能提高你的智力（见第 5 章）。至于擅长这种记忆方法的人，是否一开始就是智力分数偏高的人，这仍是一个尚待解决的问题。

一项类似的心算天才研究使用了正电子发射断层成像（PET）（Pesenti et al.，2001）。心算者能以出色的准确度和速度，在头脑中解决复杂计算问题。一些“学者”似乎不受训练就拥有这种能力，但参与这项研究的人，26 岁的 R. 加姆（R. Gamm）并不是一名“学者”，只是一个健康的普通人。从 20 岁开始，连续 6 年，他每天都要花数个小时记忆算术信息和运算法则。比如说，他会计算两位数的多次幂（如，99^5 等于 9509900499，或者 53^9 等于 3299763591802133）。他还会做质数的开根、求正弦值和除法运算，以及运用一种算法计算任何一个日期是星期几（在“学者”中发现的另一种能力）。与加姆对比的，是对照组的 9 名非专家男学生，接受 PET 对区域血流的测定时，他们执行的任务是相同的。研究者获取了一项计算任何和一项记忆检索任务中的 PET 扫描。结果显示，在加姆和对照组个体的大脑中，有几个共同的脑区被激活，但是当对两种任务条件进行对比，结果显示一些激活是加姆独有的。更多激活出现在加姆的内侧额叶、海马旁回（parahippocampal gyri）、前扣带回上部、右半球的枕颞交界处（occipito－temporal junction）和左中央旁小叶（left paracentral lobule）（在图 6.1 中查看这些区域的位置）。作者推测：“……计算专长不是非专家脑中过程的活性提高的结果；事实上，专家和非专家用于计算的脑区是不同的。我们发现，专家能在需要使用储存策略的短期加工，与高效情景记忆编码和检索之间切换，这个过程由右前额叶和内侧颞叶区维持。”换句话说，加姆的大脑工作方式不同。

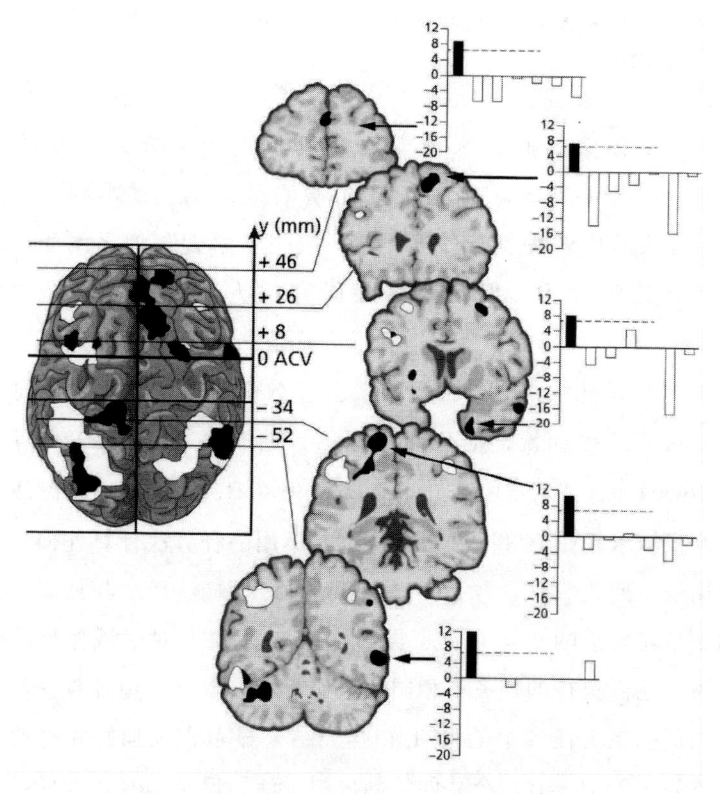

图 6.1　1 名专业记忆冠军和 6 名非专业对照组个体在执行复杂心算时的 PET 扫描对比

只在专家大脑中被激活的脑区用白色表示，在专家和非专家的大脑中都被激活的脑区用黑色表示。条形图呈现每个人每个脑区的激活情况（黑色条形代表专家）。(Reprinted with permission，Pesenti et al.，2001)。

想到这些稀有个体通过训练获得了超常心理能力，也许能让我们深入了解多年密集策略训练对大脑网络的影响，或者看起来是偶然发生的不寻常大脑连接，或者“学者”研究中的其他未知因素。没有迹象表明 CL 或 R · 加姆的 g 因素水平提高了，g 因素与他们各自的密集记忆训练相关。

6.3　用新方法，逐个神经元地，在人类与动物研究之间建立桥梁

神经元和突触的空间尺度要小得多，在这个层面上，智力并不是大多数神经科学研究者的关注点。如第 2、4 章所述，一些分子遗传学研究尝试将神经递质及其他方面的突触功能与智力联系起来。很多问题仍然值得检验。比如说，（任何一个脑区）神经元中线粒体的数量或类型，是否与 g 因素或其他心理能力的个体差异相关？一项较早的人类尸检研究表明，树突的复杂性与教育水平相关（Jacobs et al. , 1993）。但相关性的方向还不明确，而且研究发现有待重复。在这个层面上研究智力有很多种可能性，尤其是当技术进一步发展，能对人体内单个神经元和突触进行非侵入性测量时。

在这样的时期到来前，动物研究提供了一些有趣的发现，初步搭起与人类研究之间的桥梁。例如，一项系统的大鼠损伤研究，发现几个分离的脑区与一般的问题解决能力相关，因为这几个脑区的损伤削弱了多项问题解决任务中的表现（Thompson et al. , 1990）。其他脑区的损伤只削弱了特定任务中的表现。然而，该研究涉及的脑区，与早期 PET 人类推理研究所涉及脑区的对比结果显示，重叠部分非常有限（Haier et al. , 1993）。尽管如此，该研究将问题解决任务与脑损伤结合，提供了一个动物的大脑 - 智力关系模型，拓展了卡尔 · 拉什利（Karl Lashley）

（1964）的开创性研究，表明 g 因素不是人类独有的。对学习各种任务的具有遗传多样性的（远交系）小鼠进行的研究，也验证了 g 因素的存在。其中一项小鼠研究的发现与人类研究极为相似。“研究发现个体的所有任务表现都呈正相关，表明一个共同差异源头的存在。采用多重成套测验时，个体的总体表现排名是高度可靠的，并呈‘正态’分布。对学习表现变量进行的因素分析判定，38%的动物整体差异是由一个单独的因素引起的。动物天生的活动水平和体重几乎不影响学习的变化性，即使动物的探索习性中充满了各种学习能力（且呈正相关）。这些结果表明，实验小鼠的多种学习能力都受到同一差异源头的影响，而且，小鼠个体的一般学习能力只有和其他小鼠比较时才能确定。”（Matzel et al.，2003）。研究者还证明了个体差异法的重要性，即使是对小鼠研究而言（Sauce & Matzel，2013）。

顺着这条研究思路，马泽尔（Matzel）和科拉塔（Kolata）总结了人类的记忆和智力成像研究，以及检验选择性注意（selective attention）、工作记忆和一般认知能力各方面之间的因果关系的小鼠实验（Matel & Kolata，2010）。他们的数据表明“共同大脑结构（如前额叶皮层）对选择性注意的效力和个体的成套智力测验表现起调节作用。总体上，这个证据说明了与“智力”共变（co-vary）并（或）调节“智力”的过程的进化保守性（evolutionary conservation），并为提高年轻和年老动物的这些能力，提供了一个模型。”如此有效的动物智力模型，有助于推动未来的神经科学实验的开展，尤其是利用了不适用于人类的研究方法，将空间和时间尺度，从特定区域累积的大脑活动，缩小到更精准的神经元和突触内的测量。比如说，有研究发现，小鼠的身体和心理训练，也许能提高特定脑区神经元的数量和生存力

（Curlik et al. ，2013；Curlik & Shors，2013）。也有小鼠研究表明，多巴胺D1受体（dopamine D1 receptor）的信号传递效率可能既与记忆任务相关，也与智力测验相关（Kolata et al，2010；Matzel et al. ，2013）。现在要判断这些发现是否代表证据权重还为时过早，但它们证明了，动物智力模型将如何指引神经科学向神经元和突触层面发展。

另一个富有启发性的例子是荧光蛋白（fluorescent protein）的使用，如名称所述，这种蛋白质能点亮神经元和突触。几十年前，科学家在一种水母体内发现了第一种荧光蛋白，该发现逐渐衍生出制造新型荧光蛋白先进技术，和将荧光蛋白植入细胞中的奇妙方法。一旦进入神经元中，荧光蛋白便会追踪脑电活动，点亮大脑中的神经回路。不同类型的荧光蛋白与不同神经化学物结合，发出不同颜色的光。这意味着单个神经递质的分布会被标记出来。事实上，应该蛋白能让单个神经元呈现独特的颜色，从而标记出单个神经元通路及其神经化学信号。这让小鼠的智力荧光研究充满吸引力。

在前一章，我们简要介绍了一种光神经调节方法，即用红色激光激活神经元或使神经元失活。新型光遗传学（optogenetics）和化学遗传学（chemogenetics）技术以修饰突触受体、让神经元对特殊光敏化学物质作出反应为基础，比光神经调节更具体。两类技术都通过“开灯”来改变小鼠行为。在这个过程中，实验研究发现了与复杂行为密切相关的神经回路，并提出了改变这些行为的方法。

光遗传学技术的基本原理如下：正常情况下，接受到周围神经元经突触传来的短促电脉冲时，神经元会放电。接收脉冲的神经元的神经化学性质被改变，发出另一个脉冲，传递给回路中相邻的神经元。神经元中的蛋白质参与了关键的神经化学变化。蛋白质受电脉冲刺激，制造一个新的脉冲，引起回路中下一批神经元放电，在被抑制信号减弱或阻止之前，这一系列放电会一直继续下去。光遗传学技术在特定神经元群中制造光敏蛋白。在对照实验中使用光，能引起这些神经元群放电。用遗传学技术将光敏感蛋白植入感兴趣神经元后，再用细如毛发的光纤，直接将光输送到神经元中。例如，在小鼠抑郁症模型中，用光刺激内侧额叶的神经元，可以缓解症状（Convington et al.，2010）。用光刺激向伏隔核（nucleus accumbens）投射的神经元，可以戒除小鼠的可卡因成瘾症状（Pascoli et al.，2012）。突然用光刺激下丘脑（hypothalamus）中的不同神经元，会触发小鼠的攻击行为或性行为（Anderson，2012）。光遗传学技术能与基因编辑技术 CRISPR - Cas9（见第 5 章）结合，从而瞄准特定基因表达（启动或关闭基因）（Nihongaki et al.，2015）。这个不可思议的领域正在快速发展，许多实验最终都会通向大脑疾病疗法，说不定，还能找到提高心理能力的方法（Aston - Jones & Deisseroth，2013；Wolff et al.，2014）。听起来像科幻小说，但这些事就发生在你周围的某个实验室里。编剧们要注意了。

开启和关闭神经元时，化学遗传学技术与光遗传学技术是互补的。该技术的基础，是创造“只能由设计药激活的设计受体”（designer receptors exclusively activated by designer drugs），常缩写成 DREADD（Urban & Roth，2015）；他们是怎么定下这个名称的？最近，研究者们开发了一种 DREADD 的变体，使开启和关闭神经元成为可能，与以往只能选择开启或关闭的技术不同（Vardy et al.，2015）。这使研究者能够在更长时间内维持或抑制小鼠的饥饿感和活动水平，这是使用光遗传学技术做不到的。

研究者通过第3、4章介绍的神经影像技术看大脑，就像乘飞机从高空中俯瞰一座城市；奇特而丰富，是飞机被发明出来之前不可能看到的景象。这里介绍的新型神经科学技术，则为研究者提供了对单个神经元的实验控制。就像可以看到城市街道上的每一辆汽车，也许还能看到车里的人以及他们的心跳速度。我们只能想象更精妙的技术，新型DREADD和新的实验。如果这些技术被应用到动物的智力模型中，如前文提到的由马泽尔等人发现的模型，那么智力脑回路的解释就会激动人心的可能性。如果这些方法适用于人体，那么神经科学和智力研究的可能性就会超出我们的想象。准备好换专业或论文主题了吗？

6.4　逐个回路地，在人类与机器智能之间建立桥梁

人工智能（artificial intelligence，AI）研究，指的是创造模拟人类智力的计算机软件和硬件。“聪明”技术的成功应用十分广泛，正在不断改变世界范围内的人类日常生活。象棋大师、“危险边缘”冠军、扑克玩家纷纷被电脑程序击败。工程师在AI领域取得的大多数进展，都是凭借神经科学家输入的有限信息，大多与基于神经网络计算模型的方法有关。然而，智能机器开发还有更大的野心，那就是使用以基础神经科学研究者阐明的、神经元在真实脑回路中的信息传递方式为基础的算法。这是“真”智力。

工程师及企业家杰夫·霍金斯（Jeff Hawkins）的畅销书，为使用这一基于神经科学的方法开发智能机器，提供了让人信服的论据（Hawkins & Blakeslee，2004）。一个关键点是，计算机和

大脑的工作原理完全不同。例如，计算机需要预设程序，大脑靠自学。杰夫·霍金斯的核心观点是，大脑皮层从根本上说是一个储存并使用记忆——尤其是序列记忆——来预测世界的等级系统，这个系统就是智力的本质。一个重要的见解是，该系统中的要素被通过一种通用的皮层学习算法（cortical learning algorithm, CLA）统一。因此，霍金斯认为，对机器系统要素进行分离设计的 AI 技术，存在根本上的局限性。他相信以一种通用 CLA 为基础设计机器，是有可能的，并认为这种机器也许会超越人类心理能力。对于这项挑战，他解释道："半个世纪以来，我们充分发挥了我们这个物种的聪明才智，尝试将智力编写进机器里。在这个过程中，我们想出了文字处理器、数据库、电子游戏、互联网、移动电话，和逼真的电脑动画恐龙。但智能机器至今仍未出现。为了成功，我们需要大力抄袭智力的天然引擎——新皮层（neocortex）。我们不得不从大脑中提取智力。通向成功的，唯有这一条路。"（p. 39）为了让基于大脑的智能机器变成现实，霍金斯创立了红木神经科学研究所（Redwood Neuroscience Institute）和一家名为"Numenta"的公司。Numenta 出售的软件，以确认大数据集的模式、趋势和反常现象的算法为基础。这是一个引发争议的方法，特别是因为它对脸书、微软和谷歌等公司广泛应用的 AI 计算法发起了挑战。现在来评价等级 CLA 概念与等级 g 因素的相关性还为时过早，但这显然符合本章的主题：智力神经科学及其未来。The Register 网站的杰克·克拉克（Jack Clark）在 2014 年 3 月 20 采访霍金斯，在线采访记录提供了丰富的信息（www. theregister. co. uk/2014/03/29/hawkins_ai_feature）。

基于大脑工作方式开发机器的概念，正在影响微芯片设计。

许多研究团队正以真正的神经回路为基础，研发能执行大脑功能的微芯片，尤其是与知觉相关的功能。这类技术被总称为“神经形态芯片技术”（neuromorphic chip technology）。一些芯片带有直接与大脑接合的接口。增强听力和视力的芯片已经投入使用。也许有一天，这些研究还会影响到认知过程。但目前为止，我还没有发现任何能增强特定心理能力的神经形态技术，更不用说增强一般智力了。这也是一个适合丰富想象力的领域。

如我们在第 2、4 章介绍的，一些多中心联盟正在汇集遗传数据，为统计分析建立超大样本，将小样本独立研究难以检测到的与智力相关的细微影响最大化。其他大型合作研究项目也以理解人脑结构、功能和发育为目标，共享多源数据。当前的技术能完成神经回路层面的绘制。这些图谱可为老化、大脑功能障碍及大脑疾病研究提供信息，或许也能为与学习、记忆及其他认知过程相关的问题提供线索。这些研究将作为前奏，引出关于大脑差异如何引起心理能力——包括智力因素——的个体差异的解释。

2005 年，一组在瑞士工作的科学家，宣布了一个大胆的目标。他们宣称，要通过模拟生物体的真实神经元和网络模型，制造出人工大脑。他们与蓝色巨人 IBM 开发的一台超级计算机合作，从 10000 个虚拟神经元开始模拟大脑活动。2009 年，欧盟提供了 13 亿美元补充资金，使这个野心勃勃的“蓝脑”（Blue Brain）计划大大扩展，更名为“人类大脑计划”（Human Brain Project）。该计划的目标是模拟人类大脑，包括总共 800 ~ 1000 亿个神经元和 100 万亿个连接。没有哪一个神经科学项目得到过这么大的支持。这个计划的每一个方面都存在许多争议，但对于我们来说，最重要的问题是认知神经科学被排除在计划外。认知神经科学界的强烈抗议，很可能会扭转局势（Fregnac & Laurent, 2014）。然而，就算认知神经科学回归了，智力研究也不在计划内。但愿某个时刻，某个能接触到模拟大脑的人会好奇它究竟有多聪明。

美国有更多目标相似、规模中等的模拟大脑计划。美国国防高级研究计划局（The Defense Advanced Research Projects Agency，DARPA）资助了2008～2016年的“自适应可塑可伸缩电子神经形态系统”（System of Neuromorphic Adaptive Plastic Scalable Electronics）计划，简称SyNAPSE（突触）计划（听起来像是有人特别想将其称为“突触计划”，才和委员会一起倒推出了这个名称）。终极目标是制造模仿哺乳动物大脑的微处理器。2013年，白宫启动了“通过推进创新神经技术开展大脑研究”（Brain Research through Advancing Innovative Neurotechnologies）计划，简称大脑计划（Brain Initiative），资助详细的功能性和结构性大脑图谱方面的研究。这项计划是在其他已经启动的合作项目的基础上开展的，比如人类连接组计划（Human Connectome Project）——少数几项采用可提取g因素的认知测验的计划之一。人类连接组计划发表的第一个有趣的研究与智力有关，是以461名参与者的静息态fMRI为基础。200个脑区间的功能连接度计算，将158个人口统计和心理测量变量包括在一项分析中。虽然没有提取出一个g因素，但是主要分析结果表明，智力因素与所有脑区间总体连接度的相关程度是最强的，致使更大的连接度与更高的智力测验分数相关（Smith et al.，2015）。研究报告较短，但复杂的分析表明，智力与静息态默认网络及PFIT区域的连接度相关。

即将完成本书终稿时，人类连接组计划发表了另一项研究，对上述 fMRI 研究进行了扩展（Finn et al.，2015）。令人激动的不只是它的结果，还因为它做了一件我已经梦想了 40 年的事情：用大脑图表描述个体及其心理能力。接下来，我们将介绍研究者以脑区间连接模式（如图 4.1 所示模式）的分析为基础，有哪些发现。研究者首先收集分析了 126 个人的 fMARI 数据，包括 4 组任务数据和 2 组静息态数据。通常，这样的分析会对比所有参与者在任务状态和静息状态中的平均连接度。然而，这些研究者却将重心放在了个体差异上。问题很简单，即一个人的连接模式是否稳定。为了解答这个问题，研究者分别计算了每个人每次扫描时，268 个大脑节点（组成 10 个网络）的功能连接模式。对比结果表明，一个人的连接模式不仅在两次静息状态中是稳定，在 4 项任务中也是稳定的。此外，每个人的模式都独一无二，足以代表一个人的身份。这些惊人发现结合了稳定性和唯一性，因为这个特点，上述连接模式又被称为“脑纹”。尤其让我们感兴趣的是，个体脑纹预测了流体智力的个体差异。更喜人的是，研究发现额顶网络（frontoparietal network）的连接度与流体智力的相关性最强。最令人高兴地是，报告中还阐述了交叉验证。作者称：“这些结果突出了发现现在或未来行为基于 fMRI 的连接‘神经标记’（neuromarker）的可能性，这些神经标记最终可能被用于教育和临床方法的个人化，和结果的改善。”他们推断，“这些发现共同表明，个体 fMRI 数据分析是能做到的，事实上是值得做的。在这个基础上，人类神经影像研究将有机会突破从整个样本中提取一般网络的总人数层面的推断，转向关于单个对象的推断，研究个体网络独特的功能组织方式，以及功能组织与健康和疾病状态的行为表型（phenotype）之间的关系。”我相信这是一项里程碑式的研究。我真希望这是我的研究。对于这部分内容来说，它是一个完美的收尾，对于智力神经影像研究的新阶段来说，它是一个完美的开端。噢，当然了，前提是存在独立重复。

这些重要资助计划都预示了神经科学研究的大好前景。超过25年前，布什总统宣布1990年代是“大脑的十年”（Decade of the Brain），激发了人们对该领域的热情，这些计划则提升了这种热情。但令人遗憾的是，过去的研究目标中并没有提及智力（Haier，1990）。可能会对大脑疾病和大脑功能障碍理解产生实际影响的基础研究，得到了普遍的、合理的支持。也许某一天，这些致力于绘制和模拟大脑的21世纪最新研究，会意识到智力也同样值得关注。我们现在似乎已经发现了预测智力的脑纹。一旦出现逼真的虚拟人脑，创造真正的智力还会远吗？

6.5 意识和创造力

在此简要评论智力和创造力，是很合时宜的。和智力一样，这两者也是等级最高的人类大脑功能。如果智力是可以模仿的，那创造力或意识为什么不可以呢？意识具有神经科学基础，这已经成为一个主流观点，很大程度上是受了弗朗西斯·克里克（Francis Crick）的人气著作《惊人的假说》（*The Astonishing Hypothesis*）（Crick，1994）的影响；因为发现了DNA的分子结构，克里克与同事一起获得了诺贝尔奖。以理解意识的神经基础为目标的研究，包括以意识程度不同的人为对象的神经影像研究，通过使用不同的麻醉药来实现。我的朋友及同事迈克尔·阿尔基尔（Michael Alkire）是一位麻醉师，我早期发表的一些PET成像研究对这方面进行了探索（Alkire & Haier，2001；Alkire et al.，

1995，1999，2000）。我们想确定，当参与者变得无意识时，最后失活的脑回路是哪些。我们希望根据这些研究推断对不同麻醉药的作用机制，并明确意识机制。目前还没有成功，但这个远大的目标仍然是最大的神经科学未解之谜。

我之所以在此简要提起这个话题，是因为我们在做早期 PET 实验时，曾想过意识与智力之间是否存在联系。我们往往认为每一个醒着的人都是有意识（consciousness）的，但是否达到了“认识”（awareness）的程度呢？一些人是否比另一些人更有意识（认识），这种差异是否与智力相关？我们无法以醒着的个体为对象，来明确评估意识的个体差异。一个可验证的假设是，在能对麻醉深度进行有效测量的前提下，使高智商人群变得无意识，是否需要使用更多（或少）麻醉药。我们没有继续研究这个问题，但怀疑人类大脑的两种最高等级活动可能涉及相同回路，似乎是合理的。我们仍然不清楚麻醉药的作用机制，但是如果意识和智力之间存在共同回路，那么我们也许可以推测，与麻醉药作用相反的新型药也许能制造超意识（hyper-consciousness）或超认识（hyper-awareness），或许还会从某些方面提高智力。

同样，我想简要探讨关于创造力的神经科学研究，因为它们都与智力有关。我的朋友及同事里克斯雷克斯·容是一位神经心理学家，专攻关于创造力的神经影像研究。我们对智力与创造力之间是否存在共同神经回路这个问题进行了探索。我们发现两者的神经回路确实有重叠部分（Haier & Jung，2008；Jung，2014）。在实证研究中，与智力和推理相比，创造力和创造过程甚至更难界定和评估。然而，同样的一般方法也适用于创造力研究。研究采用成套测验评估创造力的不同方面，通过求个体测验分数（如 IQ 分数）的总和，或者提取一个潜在的创造力变量，如 g 因素，来得到一个创造力指数。创造力的各个方面包括独创性（originality）测量、想法流畅性（fluency of ideas）和发散思维（divergent thinking）等。然而，超出不同专业范畴的一般创造力是否有一个 g 因素，仍然是一个待解决的问题。舞蹈、美术或因为方面的创造力，所涉及的神经元素可能大不相同，与科学、文学或建筑方面的创造力对比，可能完全没有重叠的神经元素。还有一个问题是，当以研究为目的时，同样难以界定的，还有“天才”的概念。创造力天才是否和一些“学者”一样，智商低于平均水平？智力天才是否有可能不具备创造力？稀有的“真”天才是否需要同时具备高水平智力和高水平创造力？虽然现在的实证还没有提供确切的答案，但是神经科学方法或许有助于解决这些基本问题。创造力研究的范围很大，在这里，我们会聚焦于具有说明性的神经影像研究。

据我所知，目前还没有已被证实的、个体智能因为大脑损伤或疾病而提高的例子。但显然，的确有十分罕见的案例表明，个体患上额颞痴呆（frontotemporal dementia，FTD）——一种与阿尔茨海默病相似的退行性疾病，展现出了以前没有的惊人创造力，通常是美术能力。这个变化并不是 FTD 患者特有的（Miller et al.，1998，2000；Rankin et al.，2007）。这个发现很有吸引力，因为它提供了一种可能性：某种特定的大脑状态发生变化，也许会有更多人的创造力得到释放，尽管痴呆很难算得上是积极的变化。但我们的总体思路是，疾病过程导致的神经回路及网络的去抑制（dis-inhibition）（也就是失活）是一个关键因素，因为去抑制增加了通常没有互动的脑区间的联系。使大脑整体去抑制的方式有很多，比如饮酒，或者患上 FTD，但与创造力相关的特定神经网络的去抑制，或许不会影响平衡、协调、记忆和判断

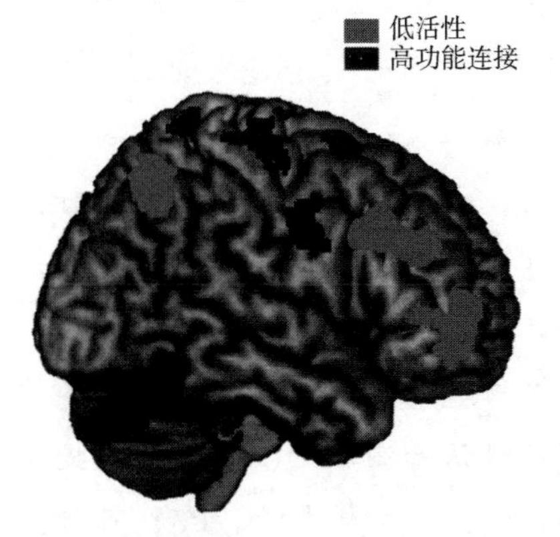

图 6.4　有不同程度即兴创作经验的钢琴家的 fMRI

更多训练与创作过程中更低的大脑活性和其他区域更高的功能连接度相关。（Reprinted with permission Pinho et al.，2014，figure 3）。

一个研究团队对 45 项关于创造性认知（不限于音乐即兴创作）的功能性和结构性神经影像研究，进行了综合评论，得出了相似结论（Arden et al.，2010）。这些研究采用了一系列不同的创造力测量方式，通常只使用一项测验分数，成像方法各不相同。分析表明这些研究发现之间几乎没有重叠部分，令人失望，但可能并不令人意外。例如，图 6.5 就呈现了 7 项 fMRI 研究的不一致。评论作者表示，任何进展的取得都需要使用更标准的创造力评估方法。他们提出了 8 个目标，及完成目标的措施：

（1）目标：明确创造性认知是否有领域特异性。措施：从表现型上测验人们在许多个领域的创造性成果，量化公共方差。（2）目标：提高测量的可靠性。措施：采用探索性因素分析（exploratory factor analysis）——使用大样本（N >2000），执行多样的创造性认知成套测验。(3) 目标：提高区分效度 (discriminant validity)。措施：将智力 (通过可靠的智商类测验指数化) 和经验开放性 (openness to experience) 当作协变量 (covariate)，纳入考虑范围。(4) 目标：提高标准的生态效度 (ecological validity)。措施：用进化理论影响或引导测验发展。(5) 目标：对创造性认知进行病原学探索。措施：使用能提供遗传信息的样本，如双胞胎，执行创造性认知测验。(6) 目标：提高研究结果的可信度。措施：增大样本量。(7) 目标：增加研究间的可比性。措施：集中使用一种相同的大脑命名法。(8) 目标：加大探测结果的力度。措施：选择使用连续测量法的研究设计，而不是二分法设计，如病例对照研究。

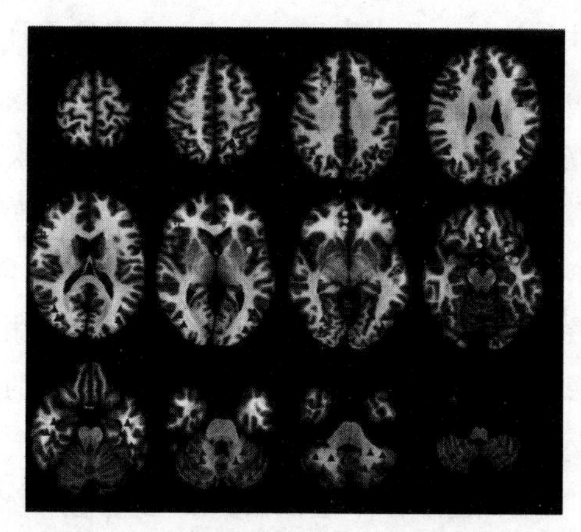

图 6.5　来自 7 项 MRI 研究的不同创造力发现

深记号标示出其中一项研究发现的与创造力相关的被激活区域。几项研究的发现几乎没有重叠部分。(Reprinted with permission Arden et al., 2010, figure 1)。

同时期的另一篇全面评论（Dietrich & Kanso，2010）指出了创造力研究间的总体一致性，包括一个激活和失活模式，该模式涉及两个半球的额叶区域和其他分散区域（与创造力主要是一种右脑功能的一般看法相反）。后来的一篇评论得出了相似结论，并为未来的研究提出了一系列建议，重点强调了创造力研究者和认知神经科学家之间的合作（Sawyer，2011）。

雷克斯·容和我尝试整合智力研究和创造力研究中的神经影像发现，并将其与天才联系起来（Jung & Haier，2013）。我们主要关注创造力的结构性影像研究及损伤研究的一致性，因为这些研究避免了任务特异性结果，在功能性影像研究中，任务特异性结果具有混淆性，而且是不一致结果的重要源头。其中一项让 40 名损伤患者完成创造力测验的研究，提供了特别有价值的信息，研究者发现一些区域的损伤与创造力的各方面缺陷相关（Shamay-Tsoory et al. ，2011）。本章之前提到的 FTD 研究，也提供了有用信息。在结合这些研究的基础上，我们提出了创造力的额叶去抑制模型（Frontal Dis-inhibition Model，F-DIM）（Jung & Haier，2013）。图 6. 6 展示了这个模型，设计上方便与智力的 PFIT 模型（见图 3. 7）做比较。与 PFIT 模型重叠的 F-DIM 区域只有 4 个（BA18、19、39、32），表明大部分智力和创造力网络是相互独立的。与为验证 PFIT 而评论的 37 项研究相比，F-DIM 有更多不确定性，因为它是建立在数量更少的、单纯的结构性影像研究基础上的。F-DIM 的本质是，与创造力相关的大多数网络都是去抑制的，尤其是通过白质连接影响额叶其他部分、基底神经节（多巴胺系统的一部分）和丘脑（重要的信息流中继站）的额叶、颞叶区域。

关于 F-DIM 和 PFIT 与天才的关系，我们的推测：“……我们不能只关注关键大脑区域（如额叶）神经纤维或活性的增加，或许也应该关注相互刺激和抑制的大脑区域（如颞叶）之间的不协调，这些区域组成的网络为和创造力一样复杂的人类行为（如计划、领悟、启发）提供支持。脑叶和半球之中和之间的神经群、白质组织、生物化学构成乃至功能性激活的增减构成的微妙的相互作用，是一个重要的概念。事实上，支持智力的脑区网络高度发达，（同时）与去抑制性大脑过程相关、从而与创造性认知相关的脑区网络欠发达，这样的大脑是非常罕见的。复杂的较高、较低大脑保真度通过动态对立达到平衡，如此精妙的协调作用，基本上可以保证稀有天才的出现。”（Jung & Haier，2013）。或者像我们私下里说的，我们真的不知道智力和创造力如何在大脑层面上与天才相关。

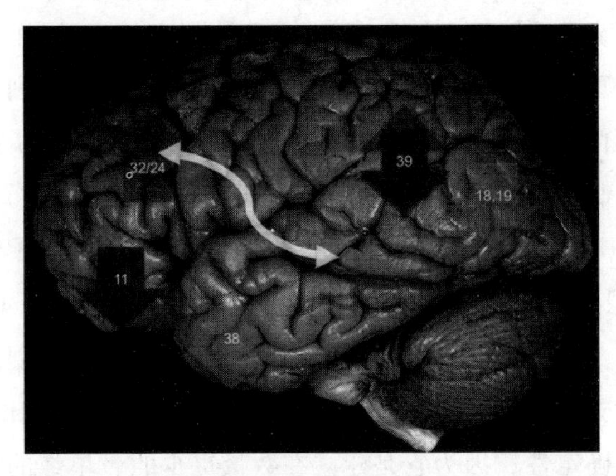

图 6.6　创造力的额叶去抑制模型（F－DIM）

用数字标示的布罗德曼分区，是在研究评论基础上，与上升（箭头朝上）或下降（箭头朝下）的大脑活性相关的区域。（Reprinted with permission Jung & Haier，2013）。

另一篇创造力研究全面评论，以 34 项功能性影像研究元分析为基础，共涉及 622 名健康成人（Gonen - Yaacovi et al.，2013）。一个主要的分析内容是，不同创造性任务的成像结果中，是否存在总是被激活的区域。综合分析所有研究的激活情况，结果表明了一定程度的一致性，如图 6.7 所示。分析得出的创造力图谱与 F-DIM 及其他研究一致，展现了重要区域的分布情况，包括额叶和顶 - 颞区域，尤其是外侧前额叶皮层（lateral prefrontal cortex）。一些创造力任务要求参与者产生想法，另一些要求结合各种元素。两类任务的独立分析结果表明，前部区域参与想法的创造性结合，更靠后的区域参与新想法的自由生成。分析还发现了言语和非言语任务的区别。共享的创造力图谱（图 6.7）和两类任务的相关发现（未展示），都表明左右半球都与创造力相关，进一步证明了创造力不是专属于右脑的功能。将失活区域包括在内的再分析，将提供更多有用信息，使与去抑制相关的发现更完整。事实上，在本书已经定稿时，一个团队发表了对 10 项关于发散思维的小样本 fMRI 研究进行的元分析，谈到了分布范围较广的失活区域，可令人费解的是，他们没有引用戈宁 - 雅科维奇（Gonen - Yaacovi）的分析（Wu et al.，2015）。同样是近期发表的一项 135 名成人的结构性 MRI 研究，阐述了灰质与一项创造流畅性测验、一项创造独创性测验之间的相关性。每项测验展现了不同区域与灰质的相关性，只有流畅性测验体现了与智力的相互作用（Jauk et al.，2015）。该领域吸引了更多关注，创造力成像研究的数量正在迅速上升。一些发现所需的证据权重正在形成，敬请期待。

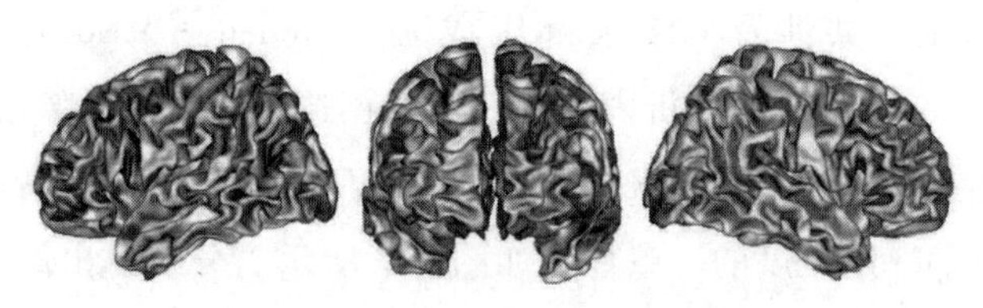

图 6.7　来自 34 项创造力功能性影像研究的总结性发现

共同激活脑区展现了创造力相关网络的分布。(Gonen - Yaacovi et al., 2013, figure 1)。

这部分最后一个推测：如果特定脑回路的深度去抑制会导致无意识，那么适当减轻的去抑制或许可以提升创造力。我们认为，创造力提升通常是对 LSD 等“意识扩张性”(mind - expanding) 药物的主观反应。额叶皮层去抑制也与做梦相关（Muzur et al., 2002）。显然，睡眠是一种无意识状态，而梦的内容和展开方式常常十分具有创造性。尝试以神经回路为基础，同时进行创造力和意识研究，将进一步验证创造力的神经基础。也有一些遗传学证据（Ukkola - Vuoti et al., 2013）表明，或许可以通过影响大脑机制来提高创造力。许多药物说明中，主观性被描述成创造力增强剂。但我还没有听说过能证实这个结论的有说服力的实证研究。一些使用非药物方式控制大脑的研究发现了创造力提高的现象（Fink et al., 2010），还有一项小样本 tDCS 研究（Mayseless & Shamay - Tsoory, 2015）也提出了类似结论，但目前还没有证据权重支持这些初步发现。智力与创造力和意识在神经层面的相关性，是一个有趣的问题，为富于想象力的研究设计和富有创新精神的神经科学家提供了机会。同学们，说的就是你们呀。

6.6 “神经贫困”和“神经社会经济地位（SES）”：以智力神经科学为基础的公共政策建议

2.1 节提到了 SES 与智力相混淆的情况。现在我们要进一步探讨，因为这是一个重要问题，常常导致研究结论具有误导性。**关于 SES 的重要性，人们的思路通常是：**收入增加使人向上流动，尤其是从贫困环境向更好的环境流动。更好的居住区往往有更好的学校、更丰富的资源，有助于子女的发展，使他们占有许多优势。如果子女智力高，在学术和经济上取得更大成就，就说明推动这一连串事件发生的关键因素是更高的 SES。**另一个思路是：**通常，智力更高的人能找到对 g 因素要求更高的工作，这些工作的酬劳往往更高。虽然获得要求较高的高新职位与许多因素相关，但实证研究表明 g 是最有效的一个预测因素。收入增加使人向上流动，尤其是从贫困环境向更好的环境流动。这往往包括有更好的学校、更丰富的资源来培养子女，使他们占有许多优势。如果子女智力高，在学术和经济上取得更大成就，就说明推动这一连串事件发生的关键因素是父母的较高智力，在很大程度上归因于遗传对智力的重要影响。

后者很难算得上是新思路。40 多年前，第 1、2 章提过的那本颇受争议的《精英制度下的智商》（Herrnstein，1973）就已经清楚地阐述了这个思路。作者用三段论法，对书的论点进行了最简洁的阐述：“（1）如果心理能力的差异是遗传性的；（2）如果这些能力是成功的要素；（3）如果成功是收入和声望的依据；（4）那么社会地位（反应收入和声望）在一定程度上，是建立在遗传差异之上的。”（pp. 197 ~ 198）当这本书在 1973 年出版时，支持智力受遗传影响的证据虽然多，但并不是让人无法反驳，仍然有可以置疑的地方；今天的证据已经让人无法反驳，而且让人信服。(见 2.5、2.6、4.5、4.6)

戴维·鲁宾斯基博士（Dr. David Lubinski）就 SES 与智力的混淆问题写了一篇全面评论（Lubinski，2009)。虽然他的论文以认知流行病学为背景，但是文中论点适用于一切将 SES 用作变量的研究。基本上，如果一项研究既包含 SES 测量，又包含智力测量，那么研究者就可以借助统计方法，理清它们各自的影响。任何一样 SES 研究结果的解释，都不能分清促成结果的因素是哪一个，除非这项研究也对智力进行了测量。不考虑 SES 的智力研究也是有问题的。当两个变量都被包含在多变量的大样本研究中时，结果往往会显示出一般认知创造力测量与某一个感兴趣变量(variable of interest）相关，即使是用统计方法移除了 SES 的影响之后。例如，在一项样本为 641 名巴西学生的研究中，SES 没有对学业成就作出预测，但智力测验分数却作出了预测（Colom & Flores - Mendoza，2007)。另一项代表性研究的规模甚至更大，样本为来自美国 41 所高校的 155191 名学生。研究分析表明，SES 影响被移除前后，SAT 分数对学术表现的预测差不多是一样的；也就是说，SES 没有增加额外的预测力（Sackett et al.，2009)。另一项研究以 3233 名青少年为样本的葡萄牙研究，发现父母受教育水平能预测子女的智力，且不受家庭收入的影响(Lemos et al.，2011)。这些研究者直白地发表了他们的推断："来自富裕家庭的青少年更聪明是因为他们的父母更聪明，而不是因为他们享受着更好的家庭环境。"

样本量相当的研究，发现 SES 的影响在移除智力影响后仍然不变的情况较少，尽管有一项元分析表示 SES 独立预测经济成就的效果和智力一样好（Strenze，2007）。一项以 110 名弱势中学生为样本的研究，是一个既用到 SES、也用到智商的代表性例子。该研究的变量包括母亲的智商，以及父母的养育和环境刺激的复合测量（composite measure）（Farah et al.，2008）。在主要分析中，研究者用统计方法移除了母亲的智商可能产生的一切影响，然后发现父母的养育与记忆相关，环境刺激与语言相关。然而，该研究样本中，母亲的智商范围被局限在正态分布（平均值 =83，标准差 =9）中的偏低端，这或许能解释为什么这项研究缺少关于智商的发现，但这项研究的确说明了，在研究特定 SES 因素时考虑智力测量的重要性。使用另一个弱势儿童样本和父亲的智商进行的重复研究将具有重要意义。使用 SES 更高的儿童作为样本进行的重复，也能提供有用的信息，以不同年龄儿童为样本的研究也一样，因为 SES 对智力遗传性的影响可能随年龄变化（Hanscombe et al.，2012）。特别有趣的是，越来越多的证据表明 SES 本身就有很大的遗传成分（Trzaskowski et al.，2014）。显然，为了建立与 SES 和智力的关系有关的证据权重，我们还要探讨很多问题。

认知心理学领域普遍认为，童年早期 SES 变量对大脑发育的影响，影响着 SES 与认知之间的种种关系。其他研究者认为，这些关系与神经科学之间的联系更紧密，尤其是尝试将这方面的发现与教育联系起来时（Sigman et al.，2014）。你或许想到了，认知心理学和神经生物学之间界限是模糊的（Hackman et al.，2010；Neville et al.，2013）。“认知神经科学”与这两个领域都有关。遗传对智力的重要影响，以及相关的神经生物学机制，都不能否定或贬低 SES 对认知心理学变量的重要影响。当然，SES 是许多因素共同作用的结果，但我们只考虑与智力的遗传方面相混淆的那一部分 SES。我将这一部分 SES 命名为“神经 SES”，我认为它应该被视为一个供研究或探讨的主题。

重申一遍，如果一项研究发表了关于 SES 变量的发现，但研究设计中不包含智力测量，那么该研究就是难以解释的，至少在断定或暗示 SES 就是原因之前，应该承认 SES 和智力的混淆问题。这个重要的观点，是《钟形曲线》在 20 年前提出的。尽管如此，只用 SES 进行解释的偏向仍然很普遍。最近发表的两项备受关注的研究可以说明这个问题。两项研究都使用了结构性 MRI。第一篇论文出自麻省理工学院，作者是麦基博士（Dr. Mackey）及其同事（2015）。（麦基也曾在研究报告中宣称，弱势儿童在学校里短暂玩过电脑游戏之后，智商提高了 10 分，见 5.3。）这些研究者打算研究高、低收入家庭学生（人数分别为 35、23）的学术成就差距与神经解剖学的相关性。高收入组平均家庭年收入为 145465 美元（95% 置信区间，122461 美元和 168470 美元之间）。低收入组平均家庭年收入为 46353 美元（95% 置信区间，22665 美元和 70041 美元之间）。年收入超过 50000 美元的家庭是否算是弱势家庭，这一点让人怀疑，但关键研究发现仍然令人感兴趣。结构性 MRI 显示，高收入组多个脑区的皮层更厚，尽管其他大脑测量结果（如皮层表面积、皮层白质量）并没有这个差异。研究发现某些脑区皮层厚度的组间差异与标准测验分数差异相关。作者认为：“未来的研究会证明有效教育方式如何支持学术进步，以及这些方式是否能改变皮层的解剖学特征。”这个结论非常合理，无疑是支持了人们的普遍看法。然而，在没对父母的认知能力进行评估的情况下，我们难以确定皮层厚度差异是否与家庭收入或智力的遗传性相关。如果研究设计中包含对父母智力的估计或测量，以分清 SES 和智力的影响，那么这项研究结果的说服力就会大大增强。

另一篇文章是通过《自然－神经科学》发表的多中心合作研究报告，作者是诺布尔博士（Dr. Noble）及其同事，（2015）这项 MRI 研究使用了由 1099 名儿童和青少年组成的大样本。研究数据包括家庭收入、父母受教育水平、血统。收入与大脑表面积相关，即使是在控制了父母的受教育水平之后。父母受教育水平与其他结构性大脑特征相关，即使是在控制了收入之后。研究发现这些相关性不受血统的影响。作者称："……从我们得到的相关性、实验性结果中，我们无法判断 SES 和大脑结构之间的联系是因为什么原因形成的。这些联系可能源自现在仍没间断的出生后经历或所接触事物的差异，如家庭压力、认知刺激、环境毒素或营养，或者源自出生前这些方面的差异。如果这些相关性证据反映的是一种潜在的因果关系，那么以处于收入分配低端的家庭为目标群体的政策，或许极有可能使儿童的大脑和认知发育发生可见的变化。"这番话并非不合理，但这个思路或许是在暗示，可以开展一项实验，按月向低收入家庭提供一笔适当的或丰厚的收入，改善他们的日常生活，以期新生活能对家中子女的大脑和认知发育产生后续影响。如果真要开展这样一项实验，那么承认并探讨智力的神经科学特征及其与 SES 的密切联系，就显得非常重要。上述这些研究结论中都没有提到智力。

第 2 章谈论过的"白板说"主张，SES 和其他社会文化影响对智力及其发育至关重要。如我们反复提到的，证据权重并不支持这些影响比遗传影响更重要的观点。而且越来越多人意识到，根据这个观点制定的公共政策，没能成功地缩小人们普遍认识到的、许多弱势儿童表现出来的教育、成就和认知能力差距。本书的一个主要含意是，实验证据压倒性地支持以神经生物学为改变现状的基础、对其给予更多关注的观点。如前面的章节所述，即使涉及重要的遗传因素，神经生物特征仍是可变的。这个简单的事实结合神经科学研究的进展，如本章介绍的研究进展，为解决存在了数十年的重要问题提供了全新可能性。

采用神经科学角度研究这些问题，具有哪些政策意义？并不是所有个体的认知优势模式，都能使其在复杂的现代社会达到最低限度的成功。考虑到 g 和其他智力因素，这一点就显而易见了。认知优劣势模式的主要根源是神经科学和遗传学，而不是童年经历，由此可见，将经济或教育成就的欠缺完全归因于动力不足、教育不当或其他社会因素，是不正确的。这些因素都能产生重要影响，但证据权重表明，它们对智力的影响并不大。

以下是我的政治偏见。我认为政府有正当权力和道德责任，为缺少与教育、就业和其他机会相关的认知能力的人提供资源，帮助他们取得经济成就、提高 SES。这指的，不只是提供对于缺少必备心理能力的个体来说可能不切实际的经济机会；不只是不受学生能力的影响，要求让每一个学生掌握更复杂的思维、对每一个学生寄予更高的期望（这个要求可能拉大认知差距）；甚至不只是支持提供童年早期教育、就业培训、价格合理的儿童保育、食物援助和高等教育机会的计划。虽然没有证据可以说明这些措施能提高智力，但是我仍然支持去落实它们，因为它们能帮助许多人在其他方面的发展，因为它们是合理的。然而，即使这些支持性措施被普及，在 g 分布中处于低端的许多人不管再怎么努力，受益都不会太大。如第 1 章所述，智商分数的正态分布中，平均值为 100，标准差为 15，由此估计，有 16% 的人智商低于 85（美国兵役最低要求）。在美国，由于非自身过失造成智商低于 85 的人，有 5100 万。虽然这些个体能找到许多有用、值得肯定、往往低薪的工作，但在申请大学或很多职业领域的技能培训时，他们不具备较强的竞争力。有时候，他们被称为“永久底层阶级”（permanent underclass），尽管几乎从未有人明确地用低智力来解释这个说法。对于他们来说，贫困和接近贫困的状态，其根源可能在于一些任何人都无法控制的智力神经生物学因素。

你刚刚读到的，是这本书里最有煽动性的一句话。它可能是一个令人极为苦恼的事实，也可能大错特错。但如果这个观点得到了科学数据的支持，那它难道不是为资助那些不会用“懒惰”或“无用”来污蔑人们的计划提供了一个不算愉快的理由吗？这难道不是优先投资与智力和提高智力有关的神经科学研究的理由吗？“神经贫困”这个词本来强调的，就是主要受智力遗传性影响的那一部分贫困。这个词可能夸大了事实。它是一个不好理解而且令人感到不舒服的概念，但我希望它引起了你的注意。本书的论点是，智力有牢固的神经生物学根源。智力是帮助人们应对日常生活、增大人生成功几率的一个主要因素，在这个意义上，当我们在思考应该如何改善许多个体因为非自身过失而具有的、明显的认知局限时，我们应该考虑“神经贫困”概念。

如果我们在讨论公共政策和社会正义时，把智力，尤其是智力的遗传性考虑在内，那么讨论内容就会更可靠。过去，这类尝试大多招来非议，亚瑟·金森（Jensen，1969；Snyderman & Rothman，1988）、理查德·赫恩斯坦（1973）和查尔斯·默里（Herrnstein & Murray）遭遇的激烈指责就是佐证。继金森的 1969 论文之后，《精英制度下的智商》和《钟形曲线》都非常详细地论述了这方面的可能性。现在，智力神经科学研究取得进展，为讨论提供了新的起点。既然 50 年来，不考虑神经科学的研究方法，都没能削弱导致贫困及相关问题的根本原因，那么是不是应该换个研究角度了？

这本书里煽动性排第二的句子是：在神经生物学基础上提高智力以“治疗”“神经贫困”，在我看来，随着神经科学研究的发展，这个惹人不舒服的概念，会变成一个体现积极变化的、乐观的概念。与之相反的观点是：只以智力受到的社会文化影响为目标的计划，能缩小认知差距，克服生物遗传影响。证据权重表明，如果我们增加对智力根源的了解，神经科学方法可能会更加有效。我并不是说神经生物学是唯一方法，而是说，这个方法不应该继续被人们以只进行 SES 研究的方式忽视。至于哪种方法最有效，这是一个实证问题，尽管不能忽视政治环境。在政治层面上，将“神经贫困”当作一种神经疾病来治疗的观点还极其幼稚。从长远来看，如果像我相信的一样，神经科学研究能找到提高智力的方法，这种情况也许会改变。目前，表观遗传学的概念或许是连接神经科学研究和社会科学研究的桥梁。没有什么比找到特定智力基因、进而明确环境因素如何影响这些基因，更能推动表观遗传学研究的进展。神经科学和社会科学之间是有共同话题的，包括我们根据实证权重获得的、与智力神经科学有关的信息。是时候将被放逐了 45 年的“智力”，召回到没有冷嘲热讽的、关于教育和社会政策的合理讨论中了。

近期出版的一本书对该可能性进行了探索。这本书的作者是两位行为遗传学研究者，他们首先承认，所有学生进入教育体系时，都带有不同的学习阅读、写作和算术的遗传倾向（Asbury & Plomin，2014）。作者建议调整教育环境，帮助每一名学生以最适合其遗传天资的方式学习核心材料。这与错误的基因决定论观点相去甚远；事实上，基因是起点。如作者所述，唯独教育方面的讨论将遗传学研究发现排除在外，与此同时，遗传学研究已经改变了医学、公共健康、农业、能源和法律的诸多方面。个性化教育作为教育者的长远目标，得到了遗传学研究的支持。阿斯伯里（Asbury）和普洛明表示："我们力求用同等的尊重对待所有学生，为他们提供平等的机会，但我们并不认为所有学生都是一样的。他们的模样各不相同，有不同的才能和性格。现在，我们应该利用行为遗传学经验，建立一个对这种奇妙的多样性给予称赞和鼓励的学校体系。"（p. 187）

这个观点与金森在45年前下的结论（Jensen，1969）惊人地相似。"使能力模式各不相同的学生都受益于教育，关键似乎在于教育方法和目标的多样性，而不是统一性。因此，个体差异不一定意味着一些学生能得到教育回报，其他学生只能感到沮丧和失败。"（p. 117）在研究智力并理解基因的概率性的神经科学家中，这两个观点都得到了普遍认可。尽管如此，关于遗传对智力及其他认知能力个体差异的影响，不容置疑的研究结果都未被采纳，这使得无效的"一刀切"方案得以在教育改革中延续。显然，在智力相关问题的解决上，对已知智力信息的无视造成了、并且会继续造成沮丧和失败（Gottfredson，2005）。就算是这样，智力却依然没有出现在公众的讨论中。

例如，在美国，人们谈起教育改革时总是咬牙切齿，哪怕改革内容完全没有提及学生的智力差异。每名高中生都应该达到具备4年制大学入学资格的毕业标准，这是一个无知的观点，对于一些学生来说，这是一个不切实际、极其不公平的期望。不要忘了，从统计结果来看，半数高中生的智商都不超过100，完成大学学业的难度相当大，哪怕是其中积极性很高的个体。用学生的测验分数变化来评估教师的工作，是同样无知和不公平的做法，因为在很大程度上，许多测验实际上是一般智力测验，而不是考查学生在短期内学到了多少课堂材料的测验。对学生造成最大伤害的一种做法，或许是通过提高题目对复杂思维的要求，故意增加测验难度。这个改变很可能会拉大表现差距，因为新测验的 g 负荷量更高。[最后这句话，是题为“新分数显示更大种族差距”（New scores show wider ethnic gap）的文章，在《洛杉矶时报》头版刊登（September 12，2015）了几个月后写上去的。)]

原则上，评估测试或高期望、高标准都没有错。然而，上述例子说明了，忽视实证研究提供的智力信息而制定出的援助性教育政策，尤其是认为可以通过教学使所有学生的思维能力达到相同水平的政策，或者认为给每个人买一台 iPad 就会提高学业成就的政策都是无稽之谈。大多数教师都意识到，将学生的认知优势最大化，是一个值得努力的目标。我们从智力研究文献中获得的每个信息，包括 g 因素为什么重要、大脑如何发育以及遗传对智力个体差异的重要影响，都证明这个观点是对的。未来，在神经科学研究的基础上提高智力的可能性，或许会让这个目标变得更容易在所有学生身上实现，使他们取得更大的学业和人生成就。随着 21 世纪向前推移，我们所有人都需要注意到神经科学研究发现，并意识到对于我们的生活来说，它们意味着什么。

6.7 结语

本书重点论述神经科学研究的进展，尤其是以遗传学和神经影像学方法为基础的研究发现。许多问题还有待通过可靠的证据权重来解答。主要的未解决问题包括：对童年早期大脑发育机制的进一步理解；大脑发育如何与成人智力相关；g 因素和其他智力因素是否涉及特定的、能解释个体差异的功能性和（或）结构性大脑网络，以及这些网络是否有性别差异；影响智力的表观遗传学因素有哪些。此外，还有一些更大的问题，需要使用新的方法和技术，逐步缩小回路、神经元和突触研究的时间、空间分辨率尺度，创建以基因功能为基础的、先进的智力分子神经生物学。最重要的问题，或许涉及智力研究的发现是否会影响教育问题和公共政策，尤其是考虑到因为缺乏必要心理能力，可能无法在现代生活中取得成就的个体。同样，在神经科学研究的基础上，探讨与最终的智力提升有关的问题，也已经不算为时过早。

写作是一个发人深思的过程。这本书实体化后，我对我评论过的研究以及写作过程中的收获进行了思考。我相信，我在40多年的研究过程中形成的、对智力的生物学解释的明显偏向，得到了大量心理测量学、数量遗传学、分子遗传学和神经影像学最新研究发现的支持。虽然并不是所有研究都得出了与此一致的结论，但正如我所见，证据权重仍然倾向用神经科学方法研究智力的定义、来源，以及如何改变智力。这是本书的中心观点，我会把它留给其他人，期待他们从不一样的角度对证据权重进行评估。如果我的评估有不正确的地方，我乐于接受能对此加以证明的有力论据，如果新数据改变了证据权重，我也愿意改变我的观点。我还相信，从神经科学角度研究智力，为解决教育和公共政策方面的紧迫问题提供了最大的可能性，50年间，以关于智力个体差异及其来源的“白板论”假设为基础进行的尝试，都没能解决或改善这些问题。在改变现状方面，神经科学很有可能取得其他方式没能取得的进展。你也许不同意，但如果此刻你对智力的看法已经与刚开始读这本书时有所不同，那么我的主要目的就达到了。

说到你，阅读也是一个发人深思的过程。即使你已经被我的论据说服，我仍然强烈建议你，对我在本书中介绍的、能代表神经科学进展的研究，以及我对这些研究的解释进行谨慎的评判。我向你发起的挑战是，从我的论述中找出薄弱环节和漏洞，找到之后再设计新的研究对其进行修正，或者证明我是错的。

我猜你们之中很多人和我一样，有一个不算隐秘的愿望。我想被送到 40 年或 50 年以后，去看看未来有哪些发现。也许那时候，你正在从事大脑研究，已经到了快退休的年龄。你知道了什么？特定智力基因是存在的吗？有多少个？它们怎么起作用？基因工程、药物或某些经历是否能大幅提升智力？童年或青少年时期的大脑发育如何影响智力？未来是否存在一种逼真的虚拟大脑，能模拟各种各样的认知，尤其是智力？男性模拟和女性模拟是一样的吗？最智能的机器有多聪明？我们能从网络、回路、神经元和突触的机构和功能中看见智力吗？智力研究如何解决教育及其他社会问题？是否在神经科学基础上对智力进行了新的定义？测时测试是否是新的智力评估标准？脑纹的预测结果是什么，如何运用这些结果？智力研究可以使用哪些新型的神经科学研究工具和方法？

我很想知道这些问题的答案，哪怕会被告知我在 2015 年下的赌注都放错了位置。我出生在 20 世纪中叶。当我还是一名来自普通家庭的大学生时，我对自己的未来一无所知，更不用说大脑研究的发展。现在，我只能想象 21 世纪中叶会出现哪些答案和新问题。如果你正在考虑是否要从事智力和大脑研究，那么这句话绝对不会错：开始吧——科学是一个永远没有结局的故事；破解智力的神经科学谜团，不管何时开始，都是最激动人心的时刻。

本章小结

- 测时测量是对大脑在标准认知任务中的信息加工速度进行测量的方法。测量结果以时间（毫秒）为单位，因此能提供量化智力评估的比率量表。
- 记忆是关键的智力因素，关于记忆的神经科学研究能找到有助于解释个体差异的脑回路。
- 新型神经科学技术，如光遗传学和化学遗传学技术，使人们能够开展可能对人类智力研究有重要作用的动物神经元和回路研究。
- 神经科学对真实脑回路的解释，可能推动真正意义上的智能机器的制造，以大脑的工作方式为基础，取得巨大进展。
- 神经影像提供的个体脑纹是稳定的、独特的，能预测智力。
- 关于意识和创造力的神经影像研究，正在提供与智力有关的信息。
- 被许多智力研究者视为关键的社会经济地位（SES），可能在神经层面上与智力混淆。这个发现的含意，是对公共政策的挑衅。
- 认知优劣势模式的主要根源是神经科学和遗传学，而不是童年经历，由此可见，将经济或教育成就的欠缺完全归因于动力不足、教育不当或其他社会因素，是不正确的。
- 神经科学的发展为智力研究者提供了激动人心的机会。现在是加入智力研究领域的大好时机。

拓展阅读

Clocking the Mind: *Mental chronometry and individual differences*(Jensen, 2006). This is a technical manifesto that lays out the promise of chronometrics and the challenges of implementing it.

On intelligence(Hawkins & Blakeslee,2004). This is a non-technical exploration of insights about how neuroscience can provide a blueprint for building intelligent machines.

"Creativity and intelligence: Brain networks that link and differenti ate the expression of genius" (Jung & Haier,2013). A summary of neuroimaging studies of intelligence and creativity that proposes how genius may emerge from specific brain networks.

"DREADDs(designer receptors exclusively activated by designer drugs): Chemogenetic tools with therapeutic utility" (Urban & Roth,2015). This is a highly technical neuroscience explanation of the topic.

"Functional connectome fingerprinting: Identifying individuals using patterns of brain connectivity" (Finn et al. , 2015). This is an exciting study on using neuroimaging to create unique and stable patterns of brain connectivity that predict intelligence test scores. It's highly technical, but take a look. This work may be the beginning of a new phase of intelligence research.

G is for genes: The impact of genetics on education and achievement(Asbury & Plomin,2014). This is a highly readable, non-technical summary of genetic research on mental abilities. Specific policy recommendations for education reform are discussed.

术语表

等位基因（allele）：一个基因的一种变化形式，占据一个特定染色体位。

孤独症（autism）：一种复杂神经发育障碍，具有一系列认知和行为症状，通常被称为谱系障碍（a spectrum of disorders）。

碱基对（base pairs）：像梯子的横档一样连接两条DNA链的结构，由腺嘌呤（A）、鸟嘌呤（G）、胞嘧啶（C）、胸腺嘧啶（T）搭配组成。据估计，人类DNA中有30亿个碱基对。

行为遗传学（behavioral genetics）：研究遗传对行为和性状影响的领域。

行为主义（behaviorism）：1950年代和1960年代盛行的心理学理论，主张人在本质上是被动地对环境刺激作出反应，可供研究的只有看得见的行为。

钟形曲线（bell curve）：统计学中分数或特征的正态分布的别称。1994年出版的关于智力与社会的同名书籍，在当时引发了激烈争议。

白板说（blank slate）：哲学和心理学观点，主张一个人的所有特征基本上都是后天形成的。2002年出版的同名书籍，在现代科学的基础上对这个观点进行了反驳。

波鸿矩阵测验（Bochumer Matrizen - Test，BOMAT）：以解决

抽象推理问题为基础的标准智力测验，通常用于 g 因素的预测。

脑源性神经营养因子（brain - derived neurotrophic factor，BDNF）：一种蛋白质，影响学习和神经元的健康及发育。

布罗德曼分区（Broadmann areas）：根据解剖位置，用数字给脑区命名的系统，起源于关于神经元结构的尸体解剖研究。（见图 3.6）

CAT 扫描（CAT scan）：计算机轴向断层扫描（computerized axial tomography）是利用 X 射线获取身体的组织和结构影像的过程。这些影像不提供与组织的功能有关的信息。

化学遗传学（chemogenetics）：使用特别设计的化学物实验性地开启或关闭神经元（见“DREADD”）的技术。

染色体（chromosome）：携带遗传基因的丝状结构。人体内有 23 对染色体。

测时测量（chronometrics）：对执行标准认知任务时大脑的信息加工速度进行测量的方法。测量以时间为单位，因此有可能提供量化智力评估的比率量表。

连续性假说（continuity hypothesis）：认为高智力相关基因与低智力相关基因是相同的。

相关性（correlation）：两个变量的关联程度。（见图 1.2）

成簇规律间隔短回文重复/Cas 基因（Clustered Regularly Interspaced Short Palindromic Repeats/Cas genes，CRISPR/Cas9）：用细菌编辑基因组的技术。

横断面研究（cross - sectional study）：在不同时间点使用不同对象，来确定一个趋势的研究。（见“纵向研究”）

交叉验证（cross - validation）：重复一个发现，以确定该发现同样符合另一个独立样本，是一个重要研究步骤。

晶体智力（crystallized intelligence，Gc）：在知识和经验的基础上学习事实、吸收信息的能力。

脑深部电刺激（deep brain stimulation，DBS）：神经外科手术，需要植入名为“神经刺激器”的医疗装置，向目标脑区释放轻微的电刺激。

默认网络（default network）：当个体没有集中进行任何一种心理活动时，处于活跃状态的脑区所组成的网络。

只能由设计药激活的设计受体（designer receptors exclusively activated by designer drugs，DREADD）：用合成分子激活大脑受体的系统。

弥散张量成像（diffusion tensor imaging，DTI）：利用水分子的弥散运动模式形成白质纤维影像的 MRI 技术。

非连续性假说（discontinuity hypothesis）：认为高智商相关基因与低智商相关基因不同的观点。

双卵（DZ）双胞胎（dizygotic twins）：异卵双胞胎；相同基因占 50%。

DNA：脱氧核糖核酸（deoxyribonucleic acid）是遗传物质。

杜奇鼠（Doogie mice）：一种转基因“聪明”鼠，走迷宫的速度快于对照组小鼠。

多巴胺（dopamine）：一种神经递质，帮助控制奖赏和愉快中枢，调节认知、运动和情绪反应。

双螺旋（double helix）：DNA 分子组成的双链结构。

边（edge）：在大脑连接的图分析中，指两个脑区之间的联系。

脑电图（electroencephalogram，EEG）：通过将电极贴在头皮上来测量脑电活动。

基本认知任务（elementary cognitive task，ECT）：只需要基本

心理过程——如注意——的任务。

表观遗传学（epigenetics）：研究外界因素如何影响基因表达的领域。

诱发电位（evoked potential）：EEG的一种特殊应用，记录某种特定刺激——如一道闪光——诱发的脑电活动。诱发电位的提取方法，是将同一种刺激重复许多次产生的EEG平均化。

因素分析（factor analysis）：统计方法的一种，以相关性为基础，描述许多个变量之间的关系模式。

假阳性（false positive）：指测验结果错误地报告某种后来被证明不属实的发现。

流体智力（fluid intelligence，Gf）：使用归纳推理和演绎推理解决新问题的能力。流体智力与g因素紧密相关。

荧光蛋白（fluorescent protein）：发光化学物，可将神经元的内部运作可视化。

氟代脱氧葡萄糖（fluorodeoxyglucose，FDG）：正电子发射断层成像（positron emission tomography，PET）中用于标记代谢活动的放射性物质。

弗林效应（Flynn Effect）：指原始智商分数逐代增长的现象。该效应产生的原因，以及是否对g因素有影响，都是还未解决的问题。

分数各向异性（fractional anisotropy，FA）：从MRI中提取的水分子弥散情况，被用于获取白质纤维的影像、评估白质纤维的完整性。

额叶去抑制模型（frontal dis－inhibition model，F－DIM）：该模型以创造力的神经影像研究为基础，代表一个潜在的创造力相关脑区系统。

额颞痴呆（frontotemporal dementia，FTD）：一种与阿尔茨海默病相似的罕见退行性疾病，以神经元逐渐丢失为特征，尤其是额叶的神经元丢失。

总智商（full-scale IQ）：一套标准化智力测验中所有分测验分数的总和。

功能性MRI（functional MRI，fMRI）：利用MRI对血流情况进行多方面探测，以测量区域大脑活动的神经成像过程。

g因素（g-factor，g）：所有心理能力测验共有的智力的一般特征，可以通过成套测验进行最有效的预测。

基因（gene）：遗传单位，由占据特定染色体位置的DNA序列组成。

基因表达（gene expression）：在基因指导下开始或停止合成蛋白质的过程。

通才基因假说（generalist genes hypothesis）：认为大多数认知能力都受相同基因的影响，而不是每一种认知能力都受到一组不同基因的影响。

基因组（genome）：全套DNA碱基对。一个生物体中的所有遗传物质。

全基因组关联研究（genome-wide association study，GWAS）：在基因组中寻找更常出现在患有某种疾病或具有某种特征的人体内的较小变异（见“单核苷酸多态性”或“SNP”）。每项研究能同时检查数百或数千个SNP（见“微阵列”）。

基因组信息学（genomic informatics）：处理和解释来自个体碱基对乃至基因组的大量遗传信息的领域。

基因组学（genomics）：基因结构和功能的研究。

图分析（graph analysis）：一种数学方法，可用于建立大脑连接模型，推断在结构或功能上相关联的脑区网络。

遗传率（heritability）：对遗传引起的某个性状或行为的群体内差异量进行的统计估计。

中心（hub）：在图分析中，指与许多其他脑区相连的脑区。

智力（intelligence）：思考和学习的能力，愚蠢（stupidity）的反面。

智商（IQ）：智力商数。是从心理测验中提取的衡量智力的标准，但根据测验的变化有不同的定义。智商分数与距离或重量不同，不是对一个量的测量。智商分数只在与他人比较时具有意义，转换成百分位最便于理解。

基因座（locus）：一个或多个基因在一条染色体上占据的特定位置。

纵向研究（longitudinal study）：对每一名对象进行长时间追踪调查以观察其变化的研究。（与“横断面研究”对比）

磁共振成像（magnetic resonance imaging，MRI）：该技术通过向强大的磁场输送震动的无线电波能量，引起水分子的反应，形成身体组织的详细影像。

磁共振波谱（magnetic resonance spectroscopy，MRS）：一项特殊 MRI 技术，用于测量大脑中的生化物质。

脑磁图（magneto－encephalogram，MEG）：通过探测由聚集的神经元放电引起的波动磁场，来测量局部大脑活动的技术。

精英制度（meritocracy）：基于能力的制度。

甲基化（methylation）：可改变 DNA 的化学过程。在表观遗传学研究中特别受关注。

微阵列（microarray）：研究某个体的 DNA 中是否带有基因变异（SNP）的技术。可同时研究数千个 SNP。

记忆术（mnemonic methods）：提高和增强记忆的技巧和策略。

分子遗传学（molecular genetics）：从化学和物理学角度研究基因功能的领域。

单卵（MZ）双胞胎（monozygotic twins）：同卵双胞胎；有100%的相同基因。

莫扎特效应（Mozart effect）：听古典乐使智力提高的现象。

神经 g（neuro - g）：至少有部分一般智力因素受特定大脑因素（不论是不是遗传因素）影响的概念。

神经贫困：认为导致贫困的许多原因中，有一个可能与智力的遗传基础相关。

神经社会经济地位（neuro - SES）：认为智力和 SES 的部分重叠可能要归因于遗传影响。

非共享环境（non - shared environment）：影响遗传率的环境因素中的独有经历。

光遗传学（optogenetics）：用光控制大脑功能的方法。

顶额整合理论（parieto - frontal integration theory，PFIT）：2007 年提出的观点，代表分散在大脑中的、与一般智力相关的特定区域。

操作智商（performance IQ）：IQ 测验中提取的非言语智力分数。

多效性（pleiotropy）：指一个基因影响两个或以上看似不相关的性状的变化。

多基因性（polygenicity）：指许多基因共同影响一个性状的变化。

正向变化（positive manifold）：指所有心理能力测验呈同方向相关的稳定趋势，即一项测验的分数上升，其他测验的分数也上升。

正电子发射断层成像（positron emission tomography，PET）： 通过探测累积的低放射性标记，获取身体组织的功能影像。

蛋白质组学（proteomics）： 对蛋白质及其功能的研究。

心理测量（psychometrics）： 各种纸笔测验方法，以及研究智力与人格的统计方法。

数量遗传学（quantitative genetics）： 研究遗传对连续性状（如智力、身高）的个体差异的影响。

数量性状基因座（quantitative trait locus，QTL）： 利用统计技术确定的与某个性状（如智力）相关的 DNA 的位置。

瑞文高级渐进矩阵（Raven's Advanced Progressive Matrices，RAPM）： 难度较高的非言语抽象推理能力测验，被广泛应用于一般智力因素的预测。

感兴趣区域（region of interest，ROI）： 神经影像分析中圈出的需要关注的区域。

回归方程（regression equation）： 分析变量间关系的一般统计方法，具有许多种变化形式。常根据一组变量来预测一个变量，为了将预测准确性最大化，采用加权变量。

范围限制（restriction of range）： 一个统计问题，指某个变量（如智力）的变化幅度小，导致无法判断该变量的差异是否与另一个变量相关。

学术评估测验（scholastic assessment test，SAT）： 常用于美国高校入学考试的标准化测验。

学者（savant）： 拥有异常才能，或对某个专题的知识掌握得极度详尽的人。

共享环境（shared environment）： 影响遗传率的环境因素中的共

同经历。

单核苷酸多态性（single - nucleotide polymorphism，SNP）：由碱基间的替代引起的碱基对的变化或变异。一个 SNP 可能与某种性状或疾病相关，可能是发现相关基因的线索。

社会经济地位（social - economic status，SES）：结合教育和收入的各个方面，对一个人所处的社会阶层进行的评估，用于研究所涉及变量如何影响行为或性状。

标准差（standard deviation）：分数关于平均值离散的程度。

STEM：科学（science）、技术（technology）、工程（engineering）、数学（math）的缩写。

结构性 MRI（structural MRI，sMRI）：用影像展示组织构造但不包含功能信息的 MRI 技术。

共感觉（synesthesia）：一种感官知觉互相混合的罕见神经系统症状。例如，听到声音的时候会看到一些颜色。

推孟人（Termites）：刘易斯·推孟开展的高智商个体纵向研究的参与者。

非言语智力测验（test of non - verbal intelligence，TONI）：一项为儿童设计的非言语智力测验。

经颅交流电刺激（transcranial alternating current stimulation，tACS）：通过输送穿过颅骨的微弱交流电来刺激脑区的非侵入性技术。

经颅直流电刺激（transcranial direct current stimulation，tDCS）：通过输送穿过颅骨的微弱直流电来刺激脑区的非侵入性技术。

经颅磁刺激（transcranial magnetic stimulation，TMS）：将磁场置于头皮上方以刺激或抑制大脑活动的技术。

Val66Met：与 BDNF 相关的基因。

体素（voxel）：组成神经影像的最小单位，三维像素。

基于体素的形态学分析（voxel－based morphometry，VBM）：在单个体素的水平上测量大脑特征的技术。

韦氏成人智力量表（Wechsler Adult Intelligence Scale，WAIS）：被广泛运用的标准化成套心理测验，使用智商分数衡量一个人与其他人相比较而言的智力水平。

韦氏儿童智力量表（Wechsler Intelligence Scale for Children，WISC）：专为儿童设计的 WAIS 测验。